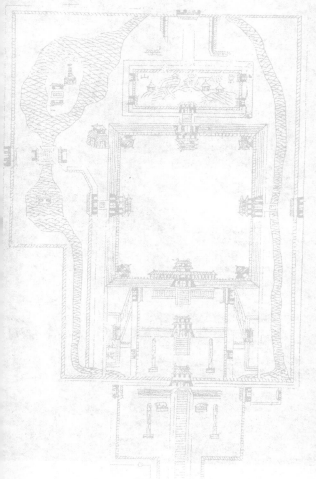

人居北京

一脉中轴伴水行

单霁翔 著

中国大百科全书出版社

北京中轴线（遗产地图）

▌序言　人居北京

　　我在北京的四合院里长大，在四合院里学会了说第一句话，在四合院里学会了走第一步路。我想这可能就是我讲话时经常会带一些北京"土语"的原因，这也可能就是我穿了30多年北京"懒汉"布鞋的缘起。从1954年起，我先后住过4处四合院，分别在崇文区（现在是东城区）的东四块玉、西城区的大门巷、东城区的美术馆后街和西城区的云梯胡同。

　　记得少年时代，我和小伙伴们一起登上景山，四下望去，成片成片富有质感的四合院灰色坡屋顶、庭院内高大树木的绿色树冠，形成一望无际灰色和绿色的海洋，烘托着故宫红墙黄瓦的古建筑群，协调和联系着中轴线两侧传统建筑，极为壮观。这是历经数百年的发展，最具北京文化特色的城市景观，也是我心中真正意义的古都北京。

　　每当看到或听到又有一条胡同或一座四合院消失，总有一种悲情涌上心头。对于四合院的感情，不仅是一种寂寞的乡愁，更是驻留在心灵深处的思念。因为，那里收藏着我的童年梦想。

　　我的专业是城市规划，毕业后就到城市规划部门工作。参加工作以后，正赶上经济大发展、社会大变革的时代。当年豪情万丈的少年梦，在工作后化为一步一个脚印的实践。伴随城市化进程的加快，城乡建设中的矛盾和问题也逐渐显露。北京历史城区的胡同四合院正在一天天地减少，而幸存下来的一些四合院也普遍存在修缮不及时、人均居住面积低、居民生活条件恶化等问题。

我在日本留学时的毕业论文题目就是关于历史街区保护和利用的研究。工作后数次在城市规划部门和文物保护部门之间调动。这样的经历使我常常将城市规划工作和文化遗产保护工作结合在一起思考。我们在北京中轴线两侧设立胡同四合院的历史文化保护区；我们在故宫、天坛两侧规划出建设控制地带（也叫缓冲区），防止新建的高大建筑或大体量建筑群的不和谐侵入；我们发起"爱北京城，捐城墙砖"活动，呼吁大家把过去拿回家的城墙砖送回来，一起维修明城墙遗址……在发现问题、研究问题、解决问题的实践中，我对北京城市规划的体会已不止于儿时的淡淡乡愁，更多的是在工作实践基础上的理性思考和深切体会。

在清华大学吴良镛教授的指导下，我将多年工作体会加以系统整理，完成了博士论文，也收获了关于文化遗产保护和城市文化建设的新认识。吴良镛先生深入研究了北京地域文化和风俗习惯，用最低的成本改造菊儿胡同 41 号院，既改善了四合院居民的生活条件，又延续了城市原有的历史环境。这是对老城更新和危房改造的创新探索，吴良镛先生也因此获得了"世界人居奖"。近年来，先生年事已高，出行要坐轮椅，但每当《千里江山图》在故宫博物院展出时，他总是要到现场，站起来长久地凝望。或许这就是他心中美好的人居意境。吴良镛先生与北京城市规划有着颇深的渊源。从院落细胞到胡同肌理，从长安街筋脉到中轴线脊柱，从"大北京规划"到"京津冀协同"，无不渗透着吴良镛先生对"人居环境科学"思想和"匠人营国"理念的实践，更使我受益良多。

2017 年 9 月，《北京城市总体规划（2016 年—2035 年）》正式发布，围绕"建设一个什么样的首都，怎样建设首都"这一重大课题，古老的北京，开始了新一轮的变化和成长。拥有"规划人"和"老北京"的双重身份，我对北京城市规划可以说既有满满回忆，又有无限期待。因此，当 2019 年北京电视台邀请我参加一档"城市复兴"题材节目的创作时，我欣然应允。

节目的名字叫《我是规划师》，创作初衷是向老百姓介绍首都的城市规划故事。在节目创作过程中，我和节目嘉宾以"探访人"的身份走进一个个特定的街区，与当地居民互动，与 20 余位规划师交流，深入研究具体规划项目的前世今生，解析这些项目和案例对城市、城市人和城市生活所产生的深远影响。节目创作很不容易，其间又遇到了新冠疫情，户外创作因此而一度停滞。节目组本着匠人精神，克服重重困难，经过近两年的努力，终于让第一季节目于2021年1月19日在北京卫视与观众见面。4月13日，第一季的12集全部播出完毕。节目在社会公众中，以及规划界、媒体界反响强烈，获得好评。

对我而言，节目创作的过程，也是在行走、交流和体验中，对熟悉的"旧事"产生新理解的过程。因此，我将在节目创作过程中的回忆、思考和体会写成了系列书稿。

人居环境的守护和营造是城市发展中的重要课题，也为系列书的书名提供了灵感。首都北京生活着千万人，"建设一个什么样的首都，怎样建设首都"，这不仅仅是面向规划界提出的课题，更是面向每一个在首都的奋斗者而提出的问题。

愿每个人都能从实践中寻找到自己的答案。

目录

北京历史悠久、文脉深厚、古迹众多，是首批国家历史文化名城之一。北京老城是我国历史性城市的典范和代表，被著名建筑学家梁思成先生誉为"都市计划的无比杰作"。明初北京城是在元大都的废墟上建立起来的，皇城与宫城同时落成，至今已有约600年的历史。北京老城历经战乱、火灾、地震、近现代化改造和商业化浪潮后，其主体或有残损，但迄今仍以其巍峨典雅、活泼生动之姿，作为中华文明的象征屹立于世界的东方。北京城无疑是中国城市规划史上最为成功的范例。

北京中轴线，形成于元代，历经明、清、民国至今，始终得到充分的尊重和传承，它记录了历史的发展与时代的进步。数百年来，北京中轴线始终处于驾驭全城的至尊地位，众多重要建筑、广场和道路、河湖水系等，或有序安排于中轴线之上，或对称布置于中轴线之侧，形成空间的韵律与高潮。实际上，也正是通过中轴线左右对称布局，进一步增强了城市的规整性，将中轴线更加凸显出来，使整个北京城形成了以中轴线为统率的完整城市景观，北京中轴线"就像北京的一条文化血管，里面流淌的是一种北京的特有血液"。

北京中轴线是世界上现存最为完整的传统都城中轴线，是古都北京不同于世界其他城市的独特之处，是历史对今天的馈赠。经过长时期的营造，北京中轴线成为城市构图的核心和城市格局的脊梁。北京中轴线两侧的街巷胡同布局相向，保持着特有的格局和肌理。如此大面积的对称，使整个城市产生出了无与伦比的超然气度，独具特色的壮美和秩序由此而得以建立，平缓开阔的城市空间由此而得以控制，进而使城市空间序列严谨、主次明确、层级递进、收放有度，使宏大的城市具有了强烈的向心力和归属感。梁思成先生说："北京独有的壮美秩序就由这条中轴的建立而产生。"

一脉传城的中轴线

一贯到底的宏大规模

　　清晨，温柔的阳光照耀着古老的故宫，千万片金色琉璃瓦在阳光下熠熠生辉。几位物业员工正在细心地清洗着观众座椅，开放部门的员工已经领来了钥匙，准备打开通向御花园的顺贞门，迎接到访的第一批游客。我跟随《我是规划师》节目组走出神武门，准备前往故宫北面纵贯全城中轴线的制高点——景山。

　　途中回望，神武门上"故宫博物院"五个大字格外醒目，城楼东西两侧视野开阔，故宫东北角楼和西北角楼倒映在护城河面，随着碧水清波荡漾。景山前街上，有遛弯儿的老人、赶路的行人……一派和谐景象，联想到百年前这一区域还是封建禁区，普通民众不得进入，与现今对比，不由得心生感慨。

故宫神武门（新华社图）

展开中轴画卷：从中轴制高点景山开始

　　景山，明清北京内城的中心点。据北京市文物局资料显示，景山海拔高度94.2米，实际上相对高度只有45.7米。不过，由于景山位于北京老城中央，元时成为纵贯全城中轴线的制高点，地理位置十分显要，是北京中轴线文脉不可或缺的组成部分。

　　景山的由来。故宫北面原有一个小山丘，名为"青山"。明成祖住进紫禁城后，命人在青山脚下堆放煤炭，以防元朝残部围困北京会引起燃料短缺，因此该山又俗称"煤山"。此后，明永乐年间营建北京城、修建皇宫时，利用开挖护城河的泥土和拆除元代皇宫的渣土，在煤山处人工堆筑了一座土山，此山沿袭金中都宫殿之后有万岁山的传统，取名"万岁山"，成为明清皇家建筑的重要组成部分。清顺治年间万岁山改称为"景山"。

　　1928年，景山被辟为公园，属故宫博物院管理，修葺后供游人游览。直至1947年9月25日修订《国立北平故宫博物院组织条例》，仍然明确景山由故宫博物院掌管。1950年至1955年，景山曾作军队的防空阵地，设置雷达、探照灯等设施。1955年，防空阵地撤走后，原处改建为北京市少年儿童文化公园，并在其中设立少年宫、儿童体育场等场所。之后，北京市少年宫投入使用，景山公园也重新开始迎接游客[1]。如今，从故宫到景山100米左右的距离，中间被车

---

① 韩佳月.景山的历史变迁.中国紫禁城学会会刊，2014（35）：11.

水马龙的城市道路隔开；为交通管理而设的 4 道铁栏杆，不但迫使人们只能走地下通道去对面，在景观方面也影响了中轴线的视线走廊。

《我是规划师》节目组一行进入景山公园，途中有一些晨练的市民热情地打着招呼，沿着东侧道路我们登上了景山。山上有 5 座亭式建筑，它们不仅具有城市景观功能，而且进一步突出了北京中轴线的对称布局和中心制高点的确立，将中轴线的整齐、对称推向极致，起到了画龙点睛的作用。

站在景山山顶，我不由想起少年时代，因为家离故宫不远，曾多次和小伙伴们一起登景山。那时很多的北京少先队员都来过景山，一是因为景山里有少年宫；二是登景山可以远眺北京城，俯瞰故宫。在

登山路上（周高亮摄）

景山上远眺，成片成片富有质感的四合院灰色坡屋顶与庭院内高大树木的绿色树冠，形成一望无际灰色和绿色的海洋，烘托着故宫红墙黄瓦的古建筑群，协调和联系着中轴线两侧传统建筑，极为壮观。可惜小时候没有相机，没有留下这些美好的景象。

此后的岁月里，我曾参与北京城市规划，从事北京历史城区的规划管理工作，经常会登上景山考察北京城市建设的现状。在规划过程中，我们会采用地面观察与山顶观察相结合的方法，分析研究相关城市规划或建筑项目与中轴线，以及与整个北京老城的关系，特别是要避免城市建设发展对中轴线造成的伤害，因此也见证了这一时期北京中轴线的变化。

每当登上景山，我都会沿着山顶的万春亭走上一圈，因为在这里会将四面的风光尽收眼底。西侧是北海公园的白塔，湖光塔影，赏心悦目，稍远一点还可以看到阜成门内的妙应寺白塔；北面笔直道路的尽头是鼓楼，远处的燕山山脉清晰可见；东面是具有民族风格的中国美术馆，在一众建筑中格外醒目；印象最深刻的还是向南面眺望的故宫，在绚烂阳光的照耀下，红墙黄瓦的故宫无限风光，从神武门至正阳门的中轴线伸向远方，尽在眼中，形成气势磅礴、蔚为壮观的皇城气象和首都气派。这里的四面风光可以感受到历经数百年发展的、最具北京文化特色的城市景观，这也是我心中真正意义的古都北京。

今天，再次站在万春亭，我感受到的是北京城的古朴庄重与欣欣向荣，感受到的是北京中轴线与四九城的时代脉动融为了一体。

从景山俯瞰中轴线（新华社图）

中国古代城市规划思想："天人合一"

中国古代的城市规划追求崇高的精神境界，反映在古代城市规划学说上，可以用"天人合一"来概括。"天人合一"的代表学派是儒家和道家学说，这是形成古代城市规划礼制思想的基石。例如，《周礼·考工记》中的匠人营国思想，《周易》中的"立天之道曰阴与阳，立地之道曰柔与刚"的名言，道家的"福祸相依"的主张，都对规划中如何掌握天地、祖宗、社稷、阴阳、方位、虚实、对称、轴线等起着重要的作用。

"天人合一"的理念在我国具有十分悠久的历史，最早起源于春秋战国时期，后经宋明理学总结而明确提出，逐渐在处理天人关系中居于主流地位，成为贯穿中华传统文化的一条主线。老子在《道德经》中有名言："人法地，地法天，天法道，道法自然。"这表明"天人合一"的核心思想就是强调人和自然的和谐统一，对于中国古代哲学、文学、历史学等领域具有重要的影响。

在中国城市营造方面，"天人合一"思想的影响深刻，尊法自然、合于天地，追求天、地、人三者和谐统一，成为规划设计企望达到的理想境界。史籍记载，自战国起古人建都就重视地理位置的选择。古代都城建设首先是"择天下之中而立国（国都）"，其次则要"择国（国都）之中而立宫"。其中"择中"思想是重要的设计规则，认为择地"中"所建之国，是天时、地利、人和三方面最有利的位置，不仅择国土之中建都城，且择都城之中建王宫，使"中央"被视为最有统治权威的象征。

在世界建筑文化中，中国传统建筑文化独树一帜，其独特的形制格局中体现的思想内涵和精神意蕴更为世人瞩目。中国传统建筑除受制于地域、民族、气候、制度等因素影响外，更是"天人合一"这个几乎贯穿中国哲学，乃至整个中华传统文化发展观念的体现。尊法自然，合于天地，成为人们自觉的审美意识。追求天、地、人三者和谐统一，成为城市规划和建筑营造所企望达到的理想境界。正所谓"天地人，万物之本也。天生之，地养之，人成之"。天、地、人是"万物之本"，当然也是城市和建筑之本。

古人云，"四方上下曰宇，往来古今曰宙""宇宙便是吾心，吾心即是宇宙"。显然，在这里"宇"表示的是无限的空间，而"宙"表示的是无限的时间，"宇宙"表示的就是时空。然而，从中华传统建筑文化角度解读，"宇宙"二字则另有含义。《说文解字》中称："宇，屋边也。"《周易》中有"上栋下宇，以待风雨"的说法。《淮南子·览冥训》中则称："宙，栋梁也。"可见，"宇宙"二字都与建筑有着一定的关系，即建筑也是具有一定时空的小的"宇宙"。大小宇宙共存，实现"天人合一"理想境界，也成为人们建造活动的一种终极目标①。

---

① 白晨曦."天人合一"观——故宫建筑的文化阐释.北京规划建设，2003（05）：68.

"天人合一"的理念高度概括了天、地、人之间的关系，培植了人与自然天地和谐相处、尊天祭祖、克己复礼、尽心尽责的感情，对古代的政治制度、社会和文化意识产生了重大的影响，也对古代城市规划产生了巨大影响。从中国历代都城的形式中可以看出，正南、正北方向的地位一直极其重要，这与中华传统文化对北极星的崇拜密切相关。北极星位于北极的正上方，所以它的方位始终恒定不动，而北斗众星始终围绕着北极星旋转。《鹖冠子·环流》中有言："斗柄东指，天下皆春；斗柄南指，天下皆夏；斗柄西指，天下皆秋；斗柄北指，天下皆冬。"北斗星首先成为历法标志，进而成为"万物之本"的权力象征。

　　在"天人合一"这一核心思想基础上，传统聚落逐渐形成和发展，并且在聚落布局、建筑单体、院落组织等方面均从人的根本需要出发，为人的生活、生产和发展提供条件。"天人合一"这一哲学思想也是北京中轴线的思想精髓。例如，故宫古建筑群在建筑布局、装饰色彩等方面都充分展示出群体美、环境美、自然美，创造出"天人合一"的理想境界，体现出深厚的文化底蕴。正如我国著名建筑学家梁思成先生所说："北京独有的壮美秩序就由这条中轴的建立而产生。前后起伏、左右对称的体形或空间的分配都是以这中轴为依据的；气魄之雄伟就在这个南北引申、一贯到底的规模。"

　　在中国的远古时代，"天"一直是充满神秘色彩的存在，人们慑服于自然界的威力，将大自然降于人间的祸福归结为某种神的力量。而在宇宙的"众神"之中，天帝又是至高无上的主宰者，成为中国文化寄寓的精神象征。于是，古人认为天象的变化预示着人间吉凶，乃至国家的兴亡。我们的祖先从对天穹的观测中形成一种观念，即天界是一个帝星——北极星为中心，以四象、五宫、二十八宿为主干构成的庞大体系。天帝所居的紫微垣位居五宫的中央，即"中宫"。满天的星斗都环绕着帝星，犹如臣下奉君，形成拱卫之势。

中华先祖的天文崇拜、象天设都，即在宇宙，"天"为至尊；在人世，"君"为至尊，乃是形成"天子居中、层层拱卫"理念的本源。作为中国文化观念的原型，它制约并影响着政治和哲学的观念，塑造着"天人合一，君权神授"的思想。所以，自古以来中国古代的帝王把自己的统治视为"天"的意志，是"天命"的体现。帝王是代表"天"来管理和统治民众，因此帝王又自称为"天子"，所做的一切都是"奉天承运"。皇帝必须居天下之中统治民众，"王者必居天下之中，礼也"。只有居中才能体现帝王的公正，即"中正无邪，礼之制也"。

《周礼·考工记》中"前朝后市"还未完全指明皇帝的宫殿必须居中，更没有讲明中轴线。随着礼制的不断强化，中国古代城市物质环境的创造要为精神世界服务成为规划思想的核心，规划城市也在客观上就要求有对称、规整、轴线等布局手法才能适应。从秦汉至明清，皇宫在都城中的位置经历了漫长的发展过程，最后才在规划中确定了将太和殿作为城市和皇城的中心，其余建筑围绕在其周围，并严格按照对称主次就位，而且在其面前规划出一条正对宝座的长长的城市中轴线，将《周礼》要求的以天子为天下唯一统率的大一统思想，在城市空间规划中得到了最完整的体现①。而后，在都城中帝王的宫室被置于城市的中心，并将重要的建筑向南北两个方向层层延伸，形成了一条由建筑、广场、院落构成的城市中心线，即"中轴线"，东西两侧的城市部分则以中轴线为核心对称布局。这就形成了自周秦以来，尤其是自隋唐以来长期延续的基本定式，即以皇宫为中心并将主要建筑物部署在由宫殿向南延伸的中轴线上，左右取得均衡对称，再加上高低起伏变化，构建出一个最大限度突出"普天之下，唯我独尊"的主题思想的空间布局。

中轴文化：北京独有的壮美秩序由此打开

在中国古代城市建设历史上，北京城最具特色之处可以说是那一圈"凸"字形的城市轮廓和一条清晰的中轴线，它们是北京区别于其他城市的特殊历史标记，在世界城市建设史上具有重要地位。遗憾的是，北京城"凸"字形的城市轮廓几乎消失殆尽。由此，更凸显出北京中轴线的保护格外重要。

在北京的战略定位中，中轴线是构建明清北京城骨架的重要基准线，在传统城市空间和功能秩序上起着统领与布局作用，人们常形容北京中轴线是"古都的脊梁与灵魂"。中轴线凝聚了北京这座文化古

① 白晨曦. 中轴溯往. 北京规划建设，2002（3）：22.

都发展的精髓，更是一条关乎北京人文历史、道德教化、风俗民情，乃至社会发展的命脉。因为北京中轴线及其建筑，蕴含着深厚的民族传统及历史文化，与我国延续数千年的古都城市发展史一脉相承，构成了中华民族历史上独具魅力的古都城市营造体系，是中华传统文化孕育的特殊文化成果。从文化意义上概括，北京中轴线是我国几千年来古都城市历史文化发展的缩影。

北京著名史地学者朱祖希先生曾形象地比喻："北京城就像一中山装，脑袋是太和殿，第一个纽扣是端门，第二个纽扣是午门，第三个纽扣是天安门，第四个纽扣是前门，第五个纽扣是永定门，两个大口袋是天坛、先农坛，上面两个口袋是太庙、社稷坛。"这条贯穿北京南北的中轴线将很多自成一组的基本平面组织串成一体，形成了一

天安门

条压倒的主轴，并将整个城市从空间组织、体量安排上，完全连贯起来，从而使城市呈现出一种极为完整的节奏感，达到完美的艺术效果。正因为有了这条中轴线，才形成了北京城雄伟、严整、和谐之美。因此，中轴线不仅是北京城的支撑，而且是北京城的壮美之本。

北京中轴线建筑群体现了中国古代建筑、景观设计与建造技术的最高水准与发展成就，而中轴线上串联的河道、城郭和钟鼓楼则体现了古代水利、城市防卫和报时技术的发展，具有不可忽视的科学价值。中轴线上串联起的宫殿、庙宇、城门和民居建筑等，具有丰富的建筑形式、体量、材料，以及多样的设计、营造手法，充分体现出中国传统建筑的精美绝伦。在园林设计方面，体现出北方皇家园林与南方城市园林设计理念的融合，河湖水系与园林建筑的呼应与对话，显示出卓越的城市景观营造水准。因此，北京中轴线就是一部中国古代城市设计的经典，也是一座中国古代建筑营造技术的巅峰。梁思成先生称颂北京中轴线是"全世界最长，也是最伟大的南北中轴线"，"北京独有的壮美秩序就由这条中轴的建立而产生"；吴良镛先生赞誉北京中轴线是"古代中国都城建设的最后结晶"。

北京中轴线以故宫为中心，向南经端门、天安门、千步廊、大明门、棋盘街、正阳门、天桥到永定门，向北经景山、地安门、万宁桥到钟楼和鼓楼，全长7.8千米。这条中轴线串联着四重城，即外城、内城、皇城和故宫，形成世界上独一无二的贯穿整座城市的宏大建筑群、严整的城市空间和壮丽景观。在中轴线上有宫殿、有广场、有街道、有苑囿、有城门，形成跌宕起伏的天际线，统领着全城建筑格

钟鼓楼广场（新华社图）

局。中轴线之上及其两侧分布着老城内几乎所有重要的建筑群，形成左右对称、平缓有序的城市肌理，众多河湖水系更使中轴线景观有静有动，变幻无穷。

实际上，北京老城的城市布局和故宫的空间秩序都是依照这条中轴线布置和展开的。首先，从建筑高度的考察看，中轴线上的重要节点建筑自南而北的高度大多较高，而中轴线两侧的街巷胡同和四合院住宅都是按照规划，以院落为单位平铺展开，一般建筑高度在8米以下，与故宫形成强烈的对比。

其次，从明清北京城的布局看，北京城有完整的城墙和护城河，有内九外七的城楼、城门，东面的北新桥至磁器口、西面的新街口至菜市口，两条大道形成了东西两侧副轴，其对称、严谨的安排，加强了北京中轴线的布局。北京城门相对，构成棋盘式的街道，互相平行的胡同，则成为主干道通往传统四合院住宅的交通网络。以中轴线上的主体建筑为依据，前朝后市、左祖右社。两侧对称布局着天坛、先农坛、太庙、社稷坛、普度寺、火神庙等坛庙建筑，以及王府衙署、街巷胡同、商业街区。

再次，从传统文化思想体系看，"以中为尊"是一大特色，历代帝王总是把自己的国家视为"天地之中"。北京中轴线北收南展，与我国传统哲学中"坐北朝南，统治天下"的思想有关。从物质层面看，城市轴线可以起到组织和控制城市空间的作用，是城市空间的结构骨架，通过轴线可以串联起城市景观、交通、用地功能等系统。从非物质空间的意义看，往往远大于它的物质空间意义，从而成为决定城市空间形态的决定性因素。实际上，中西方首都城市轴线形成的主要外部动因都是政治因素，其中一些城市轴线具有极强的象征意义，甚至代表国家精神。

在世界其他国家的首都城市，也有具有轴线布局特点的城市。例如，意大利罗马、法国巴黎、美国华盛顿、澳大利亚堪培拉和巴西巴西利亚等，这些城市的轴线一般由道路和开敞空间构成，没有确定的方向，常常由多条轴线多方向放射延伸，共同形成城市系统，而多条轴线之间无明显的等级差异。与之相比，北京中轴线严格依照"南面而听天下"的传统礼制，有着明确的南北方向性，北收南展，具有鲜明的等级秩序。同时，中轴线由道路和重要建筑物共同构成，虽然大型建筑物阻断了轴线道路的连续性，却营造出比空间轴线更强烈的心理轴线，体现出独特的中国传统文化。

城市轴线空间的形成，需要经历很长的发展时期。至今，在北京中轴线上依然汇聚着城市中最具历史和文化价值的众多代表性文物建筑，它们是古都风貌的集中体现。虽然经历城市数百年的沧桑变化，北京中轴线仍然彰显出持久的活力和强大的生命力，其基本格局保留至今，成为北京文化古都保护的重要内容。在我看来，北京中轴线不仅是一座座单体古建筑组成的物质实体叠加，而且是一段段穿越数百年时光的城市精神脊梁；在中轴线上发生过众多历史事件，还将继续发生影响深远的故事。

如今，北京中轴线密集分布着以正阳门、天安门、故宫、鼓楼、钟楼为代表的不同风格、不同类型和不同形制的古代建筑，以毛主席纪念堂、人民英雄纪念碑为代表的现代建筑，以景山、六海为代表的皇家园林和自然园林，以大栅栏、鲜鱼口、什刹海、南北锣鼓巷为代表的传统街区。从古代到近代、再到当代，从建筑到园林、再到街区，风格之多样、类型之丰富、形制之规整、建造之精湛、规模之宏大，代表着元、明、清乃至近现代中国高超的城市、建筑与园林建造水平，形成了有序的空间组织和宏伟空间序列，使北京中轴线成为内容丰富多彩的中国传统和当代建筑艺术轴线。

"以中为尊"的价值观

  北京城中轴线自形成以来，就体现出极为丰富的文化内涵，充分展示了传统社会的皇权思想。皇城安排在了全城的中心，也是在南北中轴线的中心地带，体现出皇宫的主导地位。围绕紫禁城布局的左祖右社、前朝后市，是为了表现至高无上的皇权尊严；按照郊祀的传统，在内城之外以中轴线为中心，分别在南、北、东、西设置了天、地、日、月四处重要的坛庙；依据中轴线对称铺开的道路，以经纬交叉的形式遍布京城，居中的皇宫，成为交通最为发达的地方。此外，明清北京中轴线亦分布着重要的商业中心、皇家休闲区域，为这条波澜壮阔的中轴线增添了更丰富的文化内涵，构成了一个理想、完整的都城格局。

  伴随几十年来城市的建设发展，人们开始将北京历史城区的空间形态描述为"盆"的形状：皇城地区成为"盆"底，由中心向四周高度逐渐增加，过了二环、三环，高层建筑开始逐渐增加增高。北京历史城区的保护，历来强调以故宫、皇城为中心，分层次控制高度。但是，随着城市经济的发展和城市建设的活跃，北京历史城区保护的压力也在加剧。

北京中轴线及其周边地区是中国特有的传统景观艺术的重要组成，南北起伏、东西对称，体现出中国传统城市美学的价值取向，以其宏大的整体布局、巧妙的局部空间组织和精美的单体建筑设计体现了中国传统城市美学、景观艺术和建筑艺术的最高成就。总体平缓开阔、局部起伏有致的城市天际轮廓线，以及红墙黄瓦的皇家建筑与青砖灰瓦的民居建筑所营造的强烈视觉反差，均给人以极具震撼的审美感受，具有高超而独特的艺术价值，是世界上现存最长、最完整的传统都城中轴线。

不过，今天再站在景山万春亭上望过去，只有宏伟的故宫景象依旧，而那些绿色覆盖下的胡同和那些令人留恋的四合院，都已经大为减少。

北京"中"轴线最早出现在何时？

在中国，中轴线具有特殊的文化意义，代表立国之本。《礼记·中庸》有："中也者，天下之大本也。"《周礼·春官》注："中，犹忠也。"以中为立国之本，使政令贯通，帝王、臣民都要忠于国家，代表社会和谐。一切社会关系和行为情感都要和、适、顺，都是"中"的体现。作为中国"中"字形城市的杰出代表和伟大结晶，北京城营造之理念，直溯中华文明原点，展现了惊人的文化连续性，这是判定北京老城历史文化价值之时必须高度重视的方面。

城市中轴线是指在城市中可以统率全局的中心线。在世界范围内，我国对中轴线最为重视也最为强调，很多都城在营建中刻意设计形成中轴线，因此有着悠久而深刻的历史文化渊源。考古发掘及研究证明，已发现的我国古代城市的规划建设，无论早期的王城，还是后期的都城，都能看到形成于春秋战国时期的《周礼·考工记》中记述的"左祖右社，面朝后市"的王城规划建设理论痕迹。特别是东汉以后魏晋洛阳城的营建，经考古发现证明，宫城前已有"左祖右社"的规划布局方式，已产生了城市中轴线的最初形态。

对于中国古代都城中轴线首先出现在哪座城市，学术界存在不同观点。一般认为，三国至北朝的邺城，其城市布局前承秦汉，后启隋唐，其单一宫城制度，全城中轴对称格局，整齐明确功能分区的设计理念，为中国历代都城建设所沿袭，对东亚地区古代都城的规划建设也产生了深远影响。隋唐长安城是在国家重归统一、国力强盛、文化繁荣的社会环境下，营造的一座规模空前的都城，其城内的皇城、商市、里坊等建筑对称布局，形成了明确的城市中轴线。在以后的唐代洛阳城、宋代汴梁城、辽代南京城、金代中都城和元代大都城，都传承了中国古都城市的中轴布局方式和理论准则。

北京中轴线形成至今，一直作为城市格局的统领与精神象征，在城市规划建设中，始终得到充分的尊重和传承，记录了历史的发展与时代的进步。北京传统中轴线形成于元代，在营建大都城时首先选择中轴线的基点。根据史籍记载，元大都设计时在宫殿北边设有中心台，在南城门外选定了一棵树，依这两点确定出中轴线。元人熊梦祥在《析津志》中这样记述："世皇建都之时，问于刘太保秉忠，定大内方向。秉忠以丽正门外第三座桥南一树为向以对，上制可。遂封为'独树将军'，赐以金牌。每元会圣节及元宵三夕，于树身悬挂诸色花灯于上，高低照耀，远望若火龙下降。"①

文中的"世皇"即元世祖忽必烈，"刘太保秉忠"即刘秉忠，是元大都的设计者。丽正门是元大都城南部正中的城门，丽正门外的一株大树，被刘秉忠选为大内中轴线的基点。大内与大都城的中轴线相重合，也就是大内与大都城同处一条中轴线，选择大内中轴线基点也就是选择大都城中轴线的基点。

于是被选定作大内基准点的这株大树便被敕以金牌，封为"独树将军"，每逢元旦皇帝朝会群臣、皇帝生日与元宵佳节，在这三天的夜晚，都要把五颜六色的花灯悬挂在这株大树上，远远望去，高低错落宛如闪烁亮丽的火龙下凡。

元世祖忽必烈像

---

① ［清］于敏中．日下旧闻考．北京：北京古籍出版社，1981.

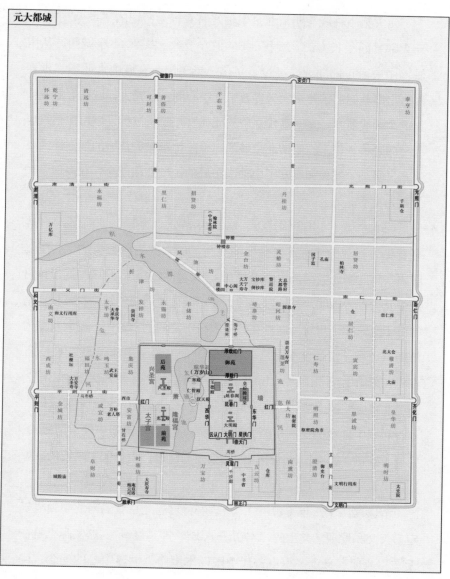

元大都城

元大都城图

"以中为尊"的价值观 023

元大都中轴线与明清北京中轴线有着极为密切的"亲缘"关系。元大都平面呈长方形,面积 50 余平方千米,共有 11 座城门,从南城墙中央丽正门向北,经过灵星门、崇天门,宫城内大明殿、延春阁,出厚载门、御苑至大天寿万宁寺中心阁,是元大都城在规划设计上的中轴线所在。元明易代之后,元代宫殿纷纷被拆,城市中轴线也就一同隐去。但是,明清北京城的建设既传承元大都城的规划建设成果,又吸纳、发展和丰富了中轴线布局的传统文化理念,在表现手法上更为灵活。

明北京城于 1406 年开工,1420 年落成。历时 14 年建设,一座有着更为壮观的"帝王之轴"的显赫都城,成为国家新的"心脏"。明嘉靖年间增建城南外垣,于是有了内、外城之分。全城平面设计沿用了元大都中轴线,并加以延伸,北端起自新落成的钟楼和鼓楼,南端终于天坛和山川坛(即现在的先农坛)之间的永定门。明北京城为清朝所承袭。清朝定都北京以后,进一步完善了中轴线的文化主题。首先在景山山顶和山前、山后加以精心营造,进一步强化了景山作为整个北京城的镇山功能,成为清朝在中轴线上创新发展的重要成果。

北京中轴线的最后定型并达到全盛面貌是在清朝中期,清顺治、康熙、雍正、乾隆四朝对中轴线的恢复与建设,为清代中轴线的辉煌奠定了重要基础。

清康熙四十八年(1709),清政府将贯通北京城的南北中轴线确定为天文和地理意义上的"本初子午线"(即零度线)。这实际上是在天文和地理意义上,重申古代中国以本土作为世界中心的理念,比

1884年国际会议确定通过的以"英国格林尼治天文台的经线作为本初子午线"早175年。此外，清朝围绕中轴线居中理念，以紫禁城为核心，在两侧对称建造有宣仁庙、凝和庙等，安排风、雨、雷、云诸神，将祭祀活动围绕核心运行。这些清朝新增加的坛庙设施和明朝遗留下来的坛庙设施融合在一起，增加了中轴线统领自然物候运行的指挥功能，丰富了北京中轴线的文化主题，使之成为整个北京城最重要的一条文化命脉。

乾隆时期，物阜民丰，经济社会稳定，国库雄厚，北京中轴线开始进入大规模的建设阶段。在紫禁城内，改建、新建的宫殿有重华宫、建福宫、雨花阁、中正殿、寿安宫、慈宁宫、宁寿宫、文渊阁、毓庆宫等，此外还有先农坛、方泽坛、日坛、月坛等坛庙礼制建筑的修建。这一时期对中轴线的建设，不仅成为中轴线区域礼制文化的高峰，而且延续至清末，为北京中轴线的发展奠定了重要基础。

北京中轴线纵贯古都四重城郭，不同区段有着不同的主题文化，内涵极为丰富与独特。在抗日战争的艰苦岁月，梁思成先生在西南一隅的

雨花阁旧影

江边小镇李庄，仍然思念北京城，写下了关于北京中轴线布局的生动描述："就全局之平面布置论，清宫及北京城之布置最可注意者，为正中之南北中轴线，自永定门、正阳门，穿皇城、紫禁城，而北至鼓楼，在长逾七公里半（约7.8千米）之中轴线上，为一贯连续之大平面布局自大清门（明之大明门，今之中华门）以北以至地安门，其布局尤为谨严，为天下无双之壮观。"

中轴之"中"看故宫

故宫处于中轴线中央段落，这一段中轴线上的建筑等级最高，体量最大，控制着全城的构图。

故宫是中国明清两代的皇家宫殿，旧称紫禁城，位于北京中轴线的中心，占据着北京历史城区1.12平方千米的中心地区，也影响着北京老城的空间形态。故宫是我国古代宫城发展史上现存的唯一实例和最高典范。它既是世界上现存规模最大、保存最完整的古代宫殿建筑群，也是人类文化史上以物质形式表现精神语言的典型代表；既是中国古代灿烂文化的艺术结晶，也是人类文化的代表性见证；既是物质存在，也是精神存在。作为物质存在，故宫凝聚着中国工匠的创造智慧；作为精神存在，故宫积淀着中国哲学的神秘力量。

故宫作为15～20世纪中国明清两朝皇家沿用约500年的宫殿，不仅代表了中国传统官式建筑的最高成就，更以其布局规整、建筑群

鸟瞰故宫三大殿

的恢宏壮丽，被国际社会认定为中华民族传统文化最具代表性的象征载体。故宫的总体设计是以中轴线统领着整个宫殿对称、严谨、完整、有序的格局，构成了有主有次、有起有伏、壮丽和谐、气势磅礴的一幅三维空间精彩画卷。在故宫内，中轴线两侧对称分布着西六宫和东六宫、延春阁和符望阁、武英殿和文华殿、西华门和东华门。

历史上的紫禁城，按照皇家的各种功能需求与礼仪制度，形成了不同的功能片区与围合的院落单元，几乎包含了中国古代官式建筑中宫、殿、楼、阁、堂、亭、台、轩、斋、馆、门、廊等全部类型与相关营造技艺。更为难得的是，故宫古建筑群完整地保存了紫禁城在使用时期的朝政礼仪、办公、教育、起居、祭祀、宗教、园林、戏台、库房、药房，以及服务与值房等所有的建筑功能类型。

首先，"中"是紫禁城设计与建设的法宝。中华传统文化对"中"

的概念特别重视。《吕氏春秋·慎势》曰："古之王者，择天下之中而立国，择国之中而立宫。"一般认为，这一思想与传统对中轴线的刻意追求有着密切关联。北京城居天下之中，皇城居京城之中，宫城又居皇城之中，而宫城又以中轴线为"中"。在中国传统文化中，古人认为天帝居住在上天紫微星垣中的紫微宫，有万间之多。因而就有了紫禁城有九千九百九十九间半房屋的传说。皇帝自诩为受命于天，把自己称为"天子"，把皇宫视为天下中心，所谓"王者必居天下之中，礼也"。

北京中轴线作为北京老城的核心，蕴含着元、明、清封建都城在城市规划方面的独特匠心，代表着中国文化"以中为尊"的价值观。对称形式是中国传统文化的美学法则，古人认为对称形态能给人们以健康的美感。因此，在城市营造时出于尊崇，往往将地位最高的建筑放在正中，其他建筑环绕在两侧。中国古代城市大多有清晰的南北轴线、规整的对称格局，体现"中正"之美。在古人的概念中，既考虑以"中"为核心，又考虑到公平、公允的"和"，形成"中和"理念。这些理念对当代和后代社会具有普遍的参考价值。

其次，"和"也是紫禁城设计与建设的法宝。紫禁城的前朝中轴线上屹立着三座大殿，亦称前三殿，是紫禁城外朝的中心建筑，也是紫禁城内的主体建筑，南北依次坐落在"土"字形前出丹陛台的三台之上。明永乐年间三大殿的名称分别为"奉天殿""华盖殿"和"谨身殿"，明嘉靖年间更名为"皇极殿""中极殿"和"建极殿"，清顺治年间又改称"太和殿""中和殿"和"保和殿"，此后，三大殿名称沿用至今。三大殿名称中都包含了一个"和"字，提升了三大殿的思想

故宫太和殿

境界，把传统文化中最为重要的"和"精神体现了出来，既揭示了自然规律即天道，又明确了治国思想：建立和谐社会，实现大同理想。

中国古代哲人以"太和"为"和"的最高境界。"太和"来自《周易》："乾道变化，各正性命，保合大和，乃利贞。首出庶物，万物咸宁。"意思是说，大自然运行变化的规律，使宇宙自然中万物各自形成其品德属性，又保全了阴阳会合冲和的元气，以有利于守持正固。"大和"，亦写作太和。"大"也读作太，与太是通用字。"保合大和"为保持四时风调雨顺、寒暑适宜的自然景象。"保"即保持，"合"为犹成。《周易本义》释"大和"为"阴阳会合、冲和之气"，即万物的"太和元气"为四时之气皆极谐，故"太和"就是宇宙的最佳和谐状态。

源远流长的中国"和"文化在秦代之后从两汉经学、魏晋玄学，中经唐代佛学、宋明理学，再到近代思想的反思和革新，绵延不断。

"和"作为中国传统文化的突出特征，所塑造的文化心理、思维取向与行为方式，深深烙印在中国社会历史进程中。以"和"为核心价值的和文化体系，成为中华民族标志性的文化符号，是中华民族普遍认同的人文精神。在国家政治生活中，中国文化认为和谐的社会才是理想的社会，因此古代常以"和"与"谐"来描绘美好的社会。例如，历史文献中的"政通人和""太平盛世"等，也是对治理有方、国力强盛、人民安居乐业的称誉。

"天人合一"的信仰，不失中国传统哲学对自然的尊重和对人与自然和谐关系的理解。故宫太和殿是三大殿的正殿，规格最高，体量最大，是皇帝举行大朝典礼之所，每年元旦、冬至、万寿三大节及逢登极、亲政、大朝会筵宴、命将出师等，均在此举行。"太和"与"保和"是讲宇宙生成万物及万物和谐相处的条件与环境；"中和"则是讲人性的修养，是情绪的原始状态。保持内心的中和，就可以臻至大道。所谓大道，就是回归于太和之气上，达到至善；只有这样，才能赞助天地，化育万物。

此外，紫禁城的文化空间表现出大面积背景下的秩序与和谐。紫禁城内还有很多带"和"字的宫、殿、门、轩，例如，元和殿、体和殿、永和宫、同和殿、颐和轩、协和门、熙和门、延和门、景和门、咸和左门、咸和右门、履和门、永和门、蹈和门等。紫禁城建筑物众多的匾额和联匾中，也有不少体现"和"文化的内容，例如，养心殿的"中正仁和"、颐和轩的"太和充满"、军机处的"一团和气"、乐寿堂的"与和气游"、慈宁宫的"嘉承天和"、体顺堂的"含和履中"等。

故宫内的宫门

燕墩与元明清"中轴"位置疑云

（1）燕墩

我国自古就有阴阳五行之说，这一思想历代顶礼，百朝尊奉，物化到统治者的生活中，宫廷建筑成为最典型的代表。清朝乾隆年间，对元、明两朝按照五行金、木、水、火、土形成的"五镇"传说进行了确认，不但在全国有五镇，还围绕北京老城形成五个镇物，即东方为木，镇物是北京东郊皇木厂的"神木"；南方为火，镇物是永定门外的燕墩；西方为金，镇物是大钟寺内的华严钟；北方为水，镇物是昆明湖东岸边的铜牛；中央为土，镇物是中轴线上的制高点——景山。这一格局的确认,进一步强化了北京中轴线的文化地位^①。其中,景山和燕墩位于北京中轴线上。

燕墩是在北京永定门外约 400 米处一座看起来并不起眼的方形墩台,它的历史可以上溯至元代,是北京城发展过程的亲历者和见证者。数百年来,它矗立在中轴线西侧,与其他几个方向的镇物一起默默地守护着这座古老的城市。燕墩本名烟墩,就是烽火台,但是燕墩的主要职能不在于军事,而是在政治和思想层面。按照阴阳五行之说,正南主火,城南宜设立与火相关的建筑。因此,在城南设立燕墩,既是五行之说的需要,也是对自古以来五镇观念的继承和发展。

燕墩

---

① 李建平 .“中正和谐”是中轴线的文化内涵 . 北京方志,2018(2).

明代前期的燕墩只是一座土墩，明嘉靖三十二年（1553）增建北京外城时才把燕墩用砖包砌成了砖墩。清代乾隆年间又在燕墩上增建了"九龙宝盖石幢"。其碑身镌刻由乾隆皇帝亲笔所写的《皇都篇》和《帝都篇》两篇诗文。《皇都篇》刻于碑身南面，主要是颂扬清朝统治前期物阜民丰、天下太平的景象，其最后一句"富乎盛矣日中央，是予所惧心彷徨"，则反映了乾隆皇帝居安思危的思想；《帝都篇》刻于碑身北面，论述了中国古代各个时期主要都城的优劣，分析了北京优越的地理位置及作为都城的优势，并提出了"在德不在险"的治国理念。

有关专家认为，燕墩涉及元大都与明清北京城的中轴线关系问题。北京永定门外燕墩，处于元、明、清时期北京城中轴线的延长线一侧。元大都南垣的正门是丽正门。据相关史料记载，燕墩原本"正对当年丽正门"，也就是说，它应当位于元大都南北中轴线的延长线上。明北京城继承了元大都土城的中轴线思想，但是把中轴线向东移动了约 150 米，所以原本在元大都中轴线延长线上的燕墩，并不是正对明清北京的中轴线，而是在中轴线稍西的位置。

（2）元明清"中轴线"位置疑云

元代宫殿的中轴线位置，是北京城市考古的一个重要问题，围绕这一问题一直都有争论。长期以来，人们多认为，明代宫城中轴线比元代宫城中轴线略微偏东；近代更有学者强调，元明两代的宫城中轴线并不重合。关于元大都中轴线主要有两种说法：一是朱偰、王璞子等学者认为元大都中轴线是在今旧鼓楼大街至故宫武英殿一线。但是这种说法被赵正之、徐苹芳等学者从考古成果角度加以否定。二是由梁思成、赵正之、侯仁之等学者提出元大都中轴线在今故宫至钟鼓楼一线，这种说法逐渐成为共识。人们经常所说的南起永定门、北至钟鼓楼、长7.8千米的"传统中轴线"，往往就是基于这种认识。

20世纪70年代初，中国社会科学院考古研究所和北京市文物管理处为解决元代大都中轴线的准确位置问题，曾在北京城内进行过考古勘探，其中在景山北墙外地面下探出一段南北走向的道路遗迹；同时，在景山公园内寿皇殿前也探出大型建筑夯土基址，这些考古发现确定了掩埋在地下的这段道路遗迹，是当年南北贯穿大都城的中轴线及其建筑基址，从而证实了明清北京城的中轴线与当年元大都的中轴线完全重合，只是在建筑起点上存在差异，这一观点后来成为主流看法。但是争论并没有结束，至今仍然存在着两种不同的看法，也在进行着相关的努力。

2016年5月，故宫内的考古发掘工地传出消息，故宫考古研究所在故宫隆宗门西遗址发现了元代地层，叠压着关系清晰的元、明、清遗址，堪称故宫"三叠层"。这一新发现，为故宫中轴线与北京城中轴线等学术问题的进一步破解提供了新的线索，引起了人们的高度重视。但是，要真正解决元大都中轴线的位置问题，除了故宫内考古以外，还需要结合故宫周边的考古，整个城市的考古，尤其是城市中轴线的考古开展专题研究。

从事北京古城保护及城市规划问题系统研究的学者王军先生认为，中国是世界上农业产生最早的国家之一，观象授时对农业文明的发生具有决定性意义，由此衍生的时空观对中国古代城市规划产生深刻影响，北京老城"子午卯酉"时空格局即为其典型代表。不同于西方城市的蔓延生长模式，北京城所代表的以天地自然环境为本体、整体生成的东方城市营造模式，源于中华先人固有的宇宙观。农业种植的产生，意味着人类不但驯化了作物和动物，还准确掌握了时间，后者则以"辨方正位""历象日月星辰"为基本方法。

通过对北京城平面进行分析，王军先生认为，明清北京城的南北子午线（即正南、正北的中轴线）在正位定时活动中是最为重要的观测轴。中华先人正是通过在这条子午线上立表观测正午时分日影消长的变化，得知一个回归年的准确时间，并掌握了夏至、冬至、春分、秋分4个重要时间节点，进而确立了一年二十四节气，以指导农业生产。而明清北京城的卯酉线，即日坛与月坛连接线，正与春分、秋分对应。明清两朝，春分行日坛之祭，迎日于东；秋分行月坛之祭，迎月于西。南北子午线两端，则是冬至祭天的天坛，夏至祭地的地坛。

永定门至钟鼓楼的子午线与卯酉线交会于紫禁城三大殿区域，这是非常重要的测定时间的地平方位体系，它象征着三大殿乃立表之位，正与太和殿"建极绥猷"匾、中和殿"允执厥中"匾、保和殿"皇建有极"匾真义一致，彰显三大殿居"中"而治。王军先生进一步加以阐述，"在子午卯酉、东南西北这几个观测点上，我们各读出了春、夏、秋、冬，这是一个测定时间的空间系统，它和中华文明的产生息息相关。中华先人独创的天文观测体系，塑造了时空密合之人文观，催生以天地自然环境为本体、整体生成之规划法，紫禁城与明清北京城时空格局乃此种规划法之集大成者，代表了迥异于西方的城市营造模式"。

《周礼·考工记》记载了立表测影、辨方正位之法，即以直立的表杆基点为圆心画圆，太阳东升时，表杆之影与圆有一个交点；太阳西落时，表杆之影与圆又有一个交点。将两点连接，即得正东、正西之线；将此线中心点与表杆基点连接，即得正南、正北之线。在这套观测体系中，观测日影用的表杆"槷"与以表杆基点为中心在地上画出的圆"规"，共同组成了"中"字之形，这正是汉语"中"字所象之形，这对中国建筑乃至城市，以轴线对称的"中"字形布局，产生了决定性影响。

"五位一体"的发展与变迁

　　北京中轴线是我国古代礼制文化和中华文明的象征。"明清北京中轴线由五个段落构成，序幕、开端、发展、高潮和尾声，正如一阕宏丽的交响乐或一幕跌宕起伏的戏剧，实在是中国乃至世界城市史上不可多得的杰作。"无论是韵味悠长的古都北京，还是焕发活力的现代北京，皆体现了这条中轴线的传承与发展。南京大学副教授姚远先生曾说，北京中轴线保护是前无古人的巨大命题，如果处理得好，那么中国人世代都能享有这份世界文化遗产。

北京中轴线分哪“五段”

北京中轴线实际上分为五段，从南向北，每一段约有 1500 米。第一段由永定门至天桥，是较为肃穆的郊坛区。第二段由天桥至正阳门，为中轴线上最为热闹的部分，即今前门大街商业区；五牌楼与正阳门作为该段的一个小高潮，揭开进入内城的序幕。第三段由正阳门至午门，为宫廷前区。第四段是整个轴线的高潮部分——宫廷区，由午门至景山，紫禁城三大殿、后三宫、御花园等核心建筑都集中在这一区域。最后一段是中轴线的尾声部分，由景山北门到钟楼，这一带分布着商铺、民居和什刹海。

由永定门至天桥段：主题是生态。天坛和先农坛区域内有很多上百年的古树。每当夏天湿润的东南风刮来，经过天坛和先农坛 300 多万平方米的绿化带，空气会得以净化，于是清洁湿润的空气吹进北京老城，形成良好的区域小气候。目前，先农坛“一亩三分地”已经实现腾退、考古、展示、祭祀、春播。如今，站在永定门城楼上北望，笔直的永定门内大街成为“步行走廊”，两侧国槐枝繁叶茂，银杏傲然挺立。通过景观设计，提升了行走的便捷程度，实现了人们全程步行体验，使人们漫步其间感受古老中轴线的壮美风貌，同时踩上生态人居环境时代的节拍，让人流连忘返。

由天桥至正阳门段：主题是经济。天桥地区是面向平民、文商结合的繁荣市场及娱乐场所，是老北京平民社会的典型区域。处于中轴线上的前门大街和两侧地区在明清时代形成繁华的商业区，珠宝

永定门城楼

市、大栅栏、鲜鱼口、打磨厂、西河沿、廊房头条、廊房二条都形成了特色商业街，数百年来店铺林立、商业繁荣，具有浓厚的传统商业气息，反映了古都传统商业文化的繁荣景象。其中的全聚德、同仁堂、都一处、瑞蚨祥等一些百年老字号，都有很高的商业信誉和社会影响。

由正阳门至午门段：主题是政治。天安门广场是明清两代举办重大庆典和向全国发布政令的重要场所。作为国家机器的"六部衙署"，布置在天安门中轴线上的"天街"两侧，体现封建国家中央集权的统治体制。1949年10月1日，中华人民共和国开国大典在这里举行，

正阳门箭楼

第一面五星红旗在这里升起。天安门广场经过几次扩建,形成了以人民英雄纪念碑为中心,东西宽 500 米、南北长 880 米,总面积达 44 万平方米的广阔空间,象征着国家的统一、社会的稳定和民族的和睦。与此同时,传统中轴线与东西长安街轴线相交于天安门广场,故而天安门广场作为全国政治中心的地位更加凸显。

由午门至景山段:主题是文化。紫禁城是世界宫廷史上的"无比杰作",既是世界建筑艺术的经典之作,也是中国历史文化艺术的丰富宝藏。成立于 1925 年的故宫博物院,是在明清皇宫及其收藏基础上建立的博物馆,现今已发展为世界上最著名的博物馆之一,成为中国对外文化交流和展示中华传统文化的重要窗口,也是全球著名的文化旅游胜地,在国际社会和广大民众的心目中具有不可替代的重要地位。如今,故宫作为世界上现存规模最大、保存最完整的古代宫殿建筑群，已被列入《世界遗产名录》。

由景山北门到钟楼段：主题是社会。中轴线北端是"前朝后市"的"后市"，随着元代以后京杭大运河漕运终点的改变、积水潭（下篇《什刹海的旧貌新颜》内容中有详述）的逐步缩小，形成了融汇民居、商业、娱乐的市井民俗区域。在中轴线两侧的南北锣鼓巷、什刹海是都市百姓居住、生活、休闲的区域，几百年来与鼓楼大街共同形成传统商业文化区域和市民休闲场所，烟袋斜街、白米斜街、大小金丝套等街区，则是北京地域文化的生动体现。此外，作为整个中轴线的终端、京城的报时中心，钟鼓楼上的晨钟暮鼓是中国"日出而作、日落而息"的传统生活方式的真实写照。

沿北京中轴线前行，可以从跌宕起伏的空间乐章中感受中华文明的博大胸怀。北京中轴线在历史长河中，历经中国社会的重大变革，不断被改造和发展，始终努力适应不同时代的社会生活需求，既体现出中华传统文化中伦理和价值观对城市发展的影响，也是在城市规划领域的创造性实践。北京中轴线的独特探索，将政治、经济、社会、文化、生态融合成"五位一体"发展格局，串联起最具北京特色的金色名片，使我们在保护古都文化、延续北京中轴线历史文脉上，获得更宏大的布局和更广阔的视野。

最大变化之地：天安门广场

中轴线纵贯北京城四重城郭，不同区段有着不同的主题文化，内涵极为丰富而独特。在北京中轴线上的各个节点和段落中，变化最大的莫过于天安门广场。天安门广场最初形成于明代，原为由"丁"字形长廊围合而成的宫廷广场，为强化中央集权的国家体制，依照"左文右府"的礼序，布局明清封建国家的最高权力机构。自辛亥革命以后，天安门广场逐渐被开放为市民广场。20 世纪 40 年代后期，由于受到战争的影响与破坏，天安门广场区域疏于管护，杂草丛生，地面坎坷不平，一派荒芜景象。

天安门广场的改造主要经历了四个重要阶段：第一阶段是 1914 年由北洋政府官员朱启钤领导的第一次大规模改造。通过拆除天安门前的千步廊，以修筑道路为手段，使原本封闭的宫廷广场变为可自由通行的市民广场。第二阶段是 1949 年至 1954 年对广场的整治，以及人民英雄纪念碑的建设。第三阶段是 1958 年为迎接中华人民共和国成立十周年国庆，开展了天安门广场的规划方案编制和最大的一次扩建活动。第四阶段是 1976 年伴随毛主席纪念堂的建设所进行的天安门广场大规模改造。

北平（今北京）和平解放以后，北平市政府随即发动民众开展义务劳动，清除垃圾，疏浚河道，天安门广场面貌有了明显改观。1949 年 8 月，为迎接开国大典，再次对天安门广场进行整治，上万人参加了整治工程。包括清除广场内的地面障碍物，修整天安门、中华门和东西"三座门"门楼，搭设临时观礼台，并将天安门城楼前的华表与石狮向斜后方移动，加宽了进入天安门的通道，拓宽了金水桥前的石板路，伐掉了金水河前妨碍视线的树木。

在1949年8月第一届北平市各界代表会议后，规划部门接到任务，选定第一面中华人民共和国国旗旗杆的位置。当时负责这个任务的城市规划专家陈干先生后来撰文说："从把旗杆的位置定下来的那一刻起，新中国首都城市规划的中心就历史地被规定了，天安门广场的改造也就要从这一点和这一天开始。"1949年10月1日，开国大典成功举行，在天安门广场上耸立的22.5米高电力控制的旗杆，升起了第一面中华人民共和国国旗。天安门广场成了我国最为重要的政治、礼仪场所。

1949年9月在北平举行的中国人民政治协商会议第一届全体会议上，通过了关于中华人民共和国国都、纪年、国歌、国旗的4个决议案，并决定在天安门前建立人民英雄纪念碑。对人民英雄纪念碑的选址最初有3种意见：一是主张建在东单广场，二是主张建在西郊八宝山

1949年10月1日，第一面五星红旗在天安门广场冉冉升起

上，三是主张建在天安门附近。最后确定建在天安门广场的北京传统中轴线上，与天安门和正阳门距离基本相同。1949年9月30日，在天安门广场举行了人民英雄纪念碑的奠基典礼，宣读碑文后，毛泽东主席首先亲手执铁锨铲土，以表达对先烈的崇敬和悼念。

人民英雄纪念碑是中华人民共和国的第一个公共艺术工程，承载着中华民族百余年来前赴后继、浴血奋战获得民族独立的光辉业绩，其位置的确定，对天安门广场的文化空间具有重大影响。梁思成先生在致北京市有关领导的信中，详细阐述了他的设计意见，奠定了人民英雄纪念碑的建造方案，确定了"高而集中"为碑形原则，并组织设计人员归纳设计方案。经审查，初步选出了高耸的矩形立柱等3个方案，做成了比例1:5的大模型，广泛征求全国人民意见。1952年8月1日，经过两年多的设计，人民英雄纪念碑正式动工。1958年5月1日，首都50万人欢庆"五一"国际劳动节，人民英雄纪念碑在万众瞩目下隆重揭幕。

中华人民共和国成立之后，城市建设在北京老城展开，然而北京中轴线的对称格局没有被打破。20世纪50年代以来，尽管天安门广场地区经历过多次改造，但是整个广场的规划设计及其两侧公共建筑的布局、规模、形式均反映出对传统中轴线对称原则的维护，体现出当代社会对中轴线价值的认同和尊重。同时，中轴线作为北京城市规划中统率全局的存在，为构建完整的城市景观增添了信心，为实现优美的城市环境创造了条件，也为继承优秀的中华传统文化提供了思路。

天安门广场鸟瞰

　　1958年8月，为了庆祝中华人民共和国成立十周年，决定扩建天安门广场。经过几次扩建，形成了南起正阳门，北至天安门，更加开放的空间形态。同时新建了人民大会堂、中国历史博物馆（现中国国家博物馆）等一批大型公共建筑，构成了既具浓郁中国特色，又彰显时代特征的"天安门广场建筑群"，展示出年轻共和国所取得的成就。"天安门广场建筑群"在规划和建设布局上，继续维护和强化北京中轴线应有的对称布局，既是文化古都的象征，也体现出具有五千年文明史的中华民族在20世纪新的崛起，中华传统文化的延续发展。

　　20世纪70年代，天安门广场又进行了一次重要扩建。1976年，在中华门遗址处兴建毛主席纪念堂。同时，天安门广场东西两侧路向南直通至前门东西大街。为此，拆除了广场左右两侧邻近东、西交民巷的一些历史建筑。经过此次改造，天安门前形成了以人民英雄纪念碑为中心，东西宽 500 米、南北长 880 米，总面积达 44 万平方米的广阔空间，其中心干道可同时通过 120 列游行队伍，整个广场可容纳 100 万人集会，这就是今天人们看到的天安门广场的整体轮廓。

天安门广场改造过程中，我国著名建筑师张开济先生设计的天安门前的观礼台，是尊重和强化中轴线的成功设计典范。建筑艺术的最高境界是与周边的自然环境与人文环境和谐相融，而不是一味地追求华丽夺目。天安门观礼台的成功之处在于没有喧宾夺主。天安门本身是一座标志性、纪念性建筑，因此观礼台设计方案注重做减法，尽可能减去一切不必要的装饰，力求平淡无奇，在色彩上与天安门和皇城墙保持一致，使建设后的朱红观礼台尽可能融入整体环境之中，既保证了天安门的完美景观，又保障了观礼台的良好使用功能。总体来说，近现代对天安门广场地区的整体改造是国家社会体制改革在城市空间中的鲜明体现。

段落之"中"：紫禁城的保护与变迁

近代中国的博物馆事业发轫于 1905 年。20 年后的 1925 年，原清宫所属的紫禁城建成为故宫博物院，实现了从封建王朝禁宫到公众博物馆的历史转变，成为我国博物馆事业发展的重要标志之一。由于故宫博物院是建立在明清两代皇宫的基础上，兼容建筑、藏品，蕴含丰富的宫廷历史文化的中国最大的博物馆，因此也是世界上极少数同时具备艺术博物馆、建筑博物馆、历史博物馆、宫廷文化博物馆等特色，并且符合国际公认的"原址保护""原状陈列"基本原则的著名博物馆。

《我是规划师》节目组来到故宫的奉先殿，故宫博物院古建部的赵鹏老师向我们介绍了文物建筑保护的情况。故宫博物院的重要展览特色之一是原状陈列，特别是以中轴线上的太和殿、中和殿、保和殿，以及乾清宫、交泰殿、坤宁宫为主。实际上，在故宫内还有一组非常重要的宫殿建筑应该开放成为原状陈列的展厅，这组宫殿建筑以乾清宫为中心，东西向排开，包括乾清宫西侧的养心殿、慈宁宫、寿康宫，

寿康宫内景

乾清宫东侧的毓庆宫、奉先殿、宁寿宫等，分别是皇帝、太上皇、皇太后、皇子的生活区域，其中奉先殿是祭祀祖先的殿堂。

重视祭祀祖先是中国传统文化礼仪的显著特点。明太祖朱元璋遵循宋代曾于宫中崇政殿之东建祭祀祖先的钦先孝思殿之制，下令在南京应天府乾清宫东侧建奉先殿，作为家庙祭祖。明永乐帝迁都北京后，按太祖之制在紫禁城内建奉先殿及神厨、神库等祭祀建筑，祭祀制度遵循太祖所议定。现存古建筑群为清顺治十四年（1657）重建，后经康熙、乾隆两朝改建后的建筑格局。奉先殿祭祖清沿明制，前殿为正祭与合飨的场所，设皇帝、皇后宝座及祭祀陈设器物等；后殿为寝室，设暖阁及神龛，暖阁内外均有祭祀陈设，并按"同殿异室"制

奉先殿外景

度设帝后神位。

奉先殿坐落在月台之上，月台四周设栏板、龙凤纹望柱。建筑为"工"字形平面，前为正殿，中为穿堂，后为寝殿，殿内皆以金砖铺地。前殿黄色琉璃瓦重檐庑殿顶，檐下彩绘金线大点金旋子彩画；面阔9间，进深4间；殿内檐为满堂浑金旋子彩画、浑金金莲水草天花；殿内设列圣、列后龙凤神宝座、笾豆案、香帛案等。后殿黄色琉璃瓦单檐庑殿顶，外檐彩画为金线大点金旋子彩画；面阔9间，进深2间；殿内分为9室，供列圣、列后神牌，各设神龛、宝床、宝椅、衣架、供案、戳灯等。前后殿之间以穿堂相连，形成内部通道。

中华人民共和国成立后，1955年为配合雕塑展览，故宫博物院对奉先殿区域古建筑进行全面修缮。1955年10月，敦煌文物研究所与故宫博物院在奉先殿筹办敦煌艺术展览，展品包括从北魏到元代综合展品共600余件，还包括敦煌莫高窟第285号窟的原状模型，说明当时奉先殿前殿内家具、器物等陈设均已撤出。1956年9月，第二机械工业部借用奉先殿举办展览，后殿内暖阁及神龛因"供龛雕饰精致，与建筑物具有同等艺术价值"得以保留。1958年至1966年，奉先殿一直作为雕塑馆面向公众开放，前殿内已全部改陈为雕塑馆展览，穿廊隔扇门保留；后殿的前半部为雕塑展览，后半部的暖阁及神龛被展板封挡，依旧保留。

1966年，为配合《收租院》泥塑展，扩大展览空间，拆除了后殿内暖阁及神龛，又拆除了奉先殿古建筑穿堂的装修，将前后殿连为一体，至此，奉先殿成为空旷的大型展厅。1966年11月，拆除了奉先殿院内乾隆年间添建的琉璃焚帛炉。1980 年，故宫博物院将钟表馆搬迁至奉先殿，直至 2017 年，奉先殿前后殿一直作为故宫博物院钟表馆进行展陈。2017 年 7 月，故宫博物院开展"奉先殿研究性保护项目"，腾退了钟表馆的全部展品。

奉先殿暖阁、神龛等被拆解后辗转 4 次保存，构件部分丢失、普遍残坏。其中文物构件登记在册 2434 件，未统计雕刻类碎件近千件，整理、统计、数字化的工作量很大。奉先殿神龛的建造经过清朝不同朝代的制作，如今不同朝代的构件已混在一起，如何对全部构件进行断代，也具有很大的挑战，需要多学科的参与，通过构件定位、材料鉴定、工艺做法分析等手段才能完成。同时，缺失的结构性构件需要进一步补配。

奉先殿建筑整体结构稳定，主要针对下架油饰、院落地面进行日常保养维修；同时，在研究性保护项目的理论体系内，全面记录建筑现状，传承小木作等营造技艺，综合开展奉先殿建筑的价值认识、评估和阐释工作，并做好环境整治和基础设施建设。目前，通过"奉先殿研究性保护项目"，恢复了奉先殿的祭祖原状，对故宫世界文化遗产的完整性保护具有重要的意义，也使奉先殿成为现阶段唯一一处具有大量珍贵文物的、真实的清朝皇家祭祖场所。同时，"奉先殿研究性保护项目"的科研工作具有高度学术价值，将成为文化遗产保护的经典案例，对故宫文化遗产保护事业的发展亦有重要的推动作用。

之后，《我是规划师》节目组一行来到建福宫花园。故宫内有 1200 座古建筑，其中建福宫花园位于故宫西北区域，这是一座清代乾隆初年建成的宫廷花园，因其随建福宫而建，称为"建福宫花园"。建福宫花园虽然占地仅 4000 余平方米，但是园内有建筑 10 余座，殿堂宫室、轩馆楼阁，不仅建筑形式各异，而且布局也较灵活。花园东部以轴线控制，布局不失皇家建筑的严谨氛围；西部以延春阁为中心呈向心式布局，建筑形式多体现出乾隆时期灵活多变、丰富多彩的特点。乾隆皇帝对建福宫花园非常满意，将其珍爱的奇珍异宝收藏于此。此后，建福宫花园一带一直作为皇家珍宝的收藏场所。

1923 年 6 月，建福宫花园内静怡轩、延春阁、敬胜斋及中正殿等建筑皆焚于火，这座瑰丽的皇家花园连同无数珍宝化为灰烬。1999 年，故宫博物院启动了建福宫花园复建工程，工程由中国文物保护基金会捐资支持。2006 年 5 月，建福宫花园复建工程顺利竣工。

紫禁城杏花微雨

其中，延春阁是建福宫花园中的主体建筑，外观虽为两层，内实为三层，为有夹层的楼阁式设计，其中底层隔间较多，而且真门、假门分置其中，一旦身临其境，即令人虚实莫辨，因此有"迷楼"之称。此阁为观景之地，是赏雪、听雨、观花的理想地点。

两处重要古建筑群——大高玄殿与寿皇殿

2012 年，北京市实施"名城标志性历史建筑恢复工程"，总体设想是"完善两线景观、展现皇城格局、维护古都风貌、保护京郊史迹、整治文物环境、实现合理利用"，内容包括保持明、清北京城"凸"字形城郭平面，保护好以护城河为标志的外城轮廓及城墙走向。2017 年，北京中轴线及两侧的文物古建筑启动腾退保护，其中包括东西城 32 处不可移动文物的腾退。由于历史遗留问题，北京中轴线上一批文物古建筑存在不合理使用的安全隐患。令人鼓舞的是，经过不懈努力，中轴线上两处重要古建筑群——大高玄殿和寿皇殿实现了腾退保护。

大高玄殿位于故宫筒子河北岸，建成于 1542 年，是中国唯一一座跨明清两代的皇家道观。大高玄殿原与紫禁城连在一起。清王朝被推翻以后，为解决城市交通问题，新开辟景山前街，于 1955 年拆除了大高玄殿前院，才使它与故宫从地理上分割开来。故宫博物院成立以来，一直对大高玄殿实施管理。但是 20 世纪 50 年代，有关单位以急需展览场所为由借用始终未还。由于占用单位长期把古建筑作为车库、仓库、宿舍等使用，并建设了大量临时建筑，导致环境杂乱无章，古建筑被破坏，其中石栏板被人为锯断，一些构件被车辆撞坏散落院内，百年古树居然被包在两层楼房内，仅露出上半部，奄奄一息，整体情况存在严重的安全隐患。文物保护部门希望对古建筑进行安全检查，却多被拒之门外。多年来，各界人士不断呼吁要求腾退大高玄殿并归还至故宫博物院，但是问题始终没有得到解决，恢复大高玄殿昔日光彩困难重重。

2010年6月，在国务院的协调下，故宫博物院和大高玄殿占用部门签订了《大高玄殿移交协议书》，但是一些古建筑仍被占用单位作为仓库及配电室、木工室等使用。直到2013年5月26日，经过

未开放的大高玄殿外景

社会各界不懈努力和协调推动，大高玄殿遗留设施移交协议的签署仪式在故宫博物院举行；至此，大高玄殿腾退回归问题得到彻底解决，大高玄殿终于重回故宫博物院。随后，故宫博物院发布《大高玄殿文物保护规划》，并于2014年正式启动维修保护，目前即将对社会公众开放，重现这处皇家建筑景观。

此外，位于景山正北面的一组建筑——寿皇殿建筑群，是北京中轴线上除故宫之外的第二大建筑群。它建于清乾隆十四年（1749），为皇家祭祖活动的场所，有正殿、左右配殿，以及神橱、神库、碑亭、井亭等附属建筑，总占地面积约21200平方米，总建筑面积约3800平方米。寿皇殿整体建筑是仿照太庙的规制而建，为重檐庑殿

寿皇殿

顶，覆黄琉璃瓦，属中国古代最高等级的建筑形式。明清时期，景山寿皇殿是皇家举行祭祀祖先活动的场所，在寿皇殿中陈设帝后御影，每年皇帝要按照节令祭日和相关规定，到景山寿皇殿祭祀祖先。寿皇殿建筑群充分展示了中华民族的祭祀文化，体现了皇家祭祀礼乐、敬祖和孝道文化。

1956 年 1 月，北京市少年宫正式在景山寿皇殿成立，自此形成了"一园两治"的管理模式。2013 年 12 月，寿皇殿建筑群正式回归景山公园，并全面恢复清乾隆十四年（1749）的历史面貌，达到全面保护文物古建筑的目的。2018 年 11 月，景山公园寿皇殿建筑群经过 4 年规划、修缮、布展开始接待观众。这是北京中轴线上最后一座古建筑群对公众全面开放。至此，北京中轴线上的古建筑首次实现整体亮相。寿皇殿系列展览作为常设展览，向观众宣传中华优秀传统文化，助力北京中轴线文化宣传展示。

再现昔景的"神地段"

永定门内大街是明清帝王出宫祭祀先农、祈谷、祭天的皇家御路，特殊的地理环境使这一区域景观具有突出的传统特色。

处于中轴线南端两侧的天地坛、山川坛建于明永乐年间，呈现两个大型半圆形布局，是封建国家祭祀天地的场所。天坛初名天地坛，是祭祀天与地的场所。明嘉靖九年（1530）设立四郊分祀制度，在北京城的北面建地坛，4 年以后，将天地坛改称天坛，只祭天不祭地。山川坛，后来也改称先农坛，是封建时代皇帝籍田的地方。虽然名称改变，但是这两座坛庙的建筑平面并没有随之改变。

实际上，加强北京中轴线整体保护任重道远，如天坛、地坛、日坛、月坛分别位于古都北京内城之外的南、北、东、西 4 个方位，是我国保存下来最完整的祭祀建筑组群，也是强化北京中轴线的重要内容。但是，由于历史原因，在文物保护区域内有大量住户和单位，存在着数量众多的违章建筑，严重影响了这几组祭祀建筑的整体保护。因此，应采取有力措施整治现状，加快搬迁长期占用文物的单位和住户，拆除文物保护范围内的各类违法建筑，按照历史原貌修复被破坏的坛墙，维修坛内现存的各类文物建筑，扩大对社会公众的开放范围，使这几组文化遗产在城市文化和市民生活中发挥更大的作用。北京中轴线作为中国古人思想观念的物化体现，在发挥社会教育功能的同时，也为现代生活的人们提供了游览的新空间和新体验。

天坛及周边的整体保护进程

天坛始建于明永乐十八年（1420），是迄今保存完好的最大规模的祭天建筑群，也是唯一完整保存下来的皇家祭坛。从紫禁城沿中轴线到天坛，为国家祭天礼仪祭祀空间。明清帝王每年到天坛举行祭天、祈谷和祈雨活动，为社稷百姓祈祷风调雨顺、五谷丰收。天坛由内外两道坛墙围合而成，从空中看，呈现一个"回"字形。因为最初是天地合祀，北部祭天，南部祭地，因此建筑平面形态北部呈半弧状，南部是长方形，即南面坛墙转角是直角，北面坛墙转角为圆弧形。北圆南方，是天坛象征性布局的突出表现，体现了古人"天圆地方"的宇宙观。

天坛圜丘是展示中国传统敬天文化的重要区域，皇帝每年冬至要到此祭天，祈求风调雨顺、五谷丰登。圜丘坛有 4 座坛门，坐落于东、南、西、北 4 个方向，分别为泰元门、昭亨门、广利门和成贞门。4 个门的名称中间一字取自《周易》乾卦的卦辞"元亨利贞"，据说其意分别代表一年中的春夏秋冬四季。古人从春夏秋冬的四季更迭中体会天体的运动变化，通过祭天活动表达顺应天时和感恩祈福，这种"天人合一"的宇宙观通过坛庙建筑得到体现。

清帝退位以后进入民国时期，天坛不再有祭天功能。由于历史原因，天坛内外坛长期被一些工厂、学校和成片居民住宅占用，市内各处挖防空洞的渣土在天坛内堆起高大的土山，内外坛之间先后营建了较大规模的天坛医院和口腔医院，占据了历史上天坛"圜丘门"的出行通道。与此同时，在南外坛的大片区域内逐步形成有百余座多层建筑的楼房小区。由于大量的经营单位、居住人口和自由市场的出现，加上缺乏必要的市政设施，使得这一区域的居住条件和卫生环境日益恶化，居住区域内常常是垃圾遍地，污水横流。历史上天坛"祈谷门"外侧曾道路宽阔，后来也全部被私搭乱建的各类低矮破旧的民居店铺占据，环境非常杂乱。

天坛在历史上的坛域面积为 273 公顷（1 公顷 =10000 平方米），但是被占用面积最多时曾达 100 余公顷。这种情况使天坛坛域格局由"回"字形变为倒"凸"字形，神乐署、牺牲所、御路等重要历史建筑损毁严重；大部分外坛墙因被"蚕食"而消失，最少时仅存 80 米，且破败不堪。"天圆地方"的历史格局和文化寓意被人为切断，被占压的坛域遗迹安全受到威胁，天坛物质空间和文化意义上的完整

天坛鸟瞰

性受到破坏。通过对天坛被不合理占用的情况进行调查，结果显示，共涉及 85 家单位、15 个居民社区，居民数量超过 3 万。

20 世纪 90 年代以后，天坛保护问题引起社会的广泛关注，相关部门开始加大天坛环境整治力度，先后完成搬运天坛土山、清除坛内的占用经营单位、搬迁北坛墙外围的商业市场、疏散占用天坛神乐署的住户等。为了恢复天坛的历史风貌，从 1995 年开始实施恢复坛墙工程，先后完成了天坛东北外坛坛墙、北外坛坛墙西段、西南外坛坛

天坛祈年殿（新华社图）

墙和内坛墙的复建，使 6000 多米的内外坛墙得以恢复。与此同时，开展了神乐署、北神厨、北宰牲亭等古建筑维修保护，使天坛内现存的主要文物建筑基本得到修缮。

1998 年 12 月 5 日，天坛被正式列入《世界遗产名录》。天坛申报世界文化遗产成功 20 多年来，一直继续有计划、分阶段全面推进天坛文化遗产保护。从 21 世纪初开始，位于西北外坛、东北外坛的中山花圃、园林学校、花木公司等陆续实现搬迁腾退，腾退面积近 20 公顷。按照世界文化遗产真实性、完整性要求，天坛祭天文化的传承脉络和丰富的历史信息逐渐清晰地呈现给世人。

位于天坛公园西南角有一家北京园林机械厂，其前身是 1951 年成立的北京园林机械修配厂。1967年北京园林机械厂成立，在当时是全国仅有的4家园林机械厂之一，主要生产和维修各种园林设施。2007年，北京园林机械厂被撤销后归入天坛公园，其建筑一直保留，并作为办公用房使用。2019年，北京园林机械厂区域实施整体搬迁腾退。经过环境整治后，终于恢复其原有历史风貌，按照规划沿坛墙设置步行道，形成环形游览空间，开始正式接待游客。至此，天坛再添新景区，这一区域70多年来首次向游人开放。

调研中，天坛公园李高园长指着一大片绿地说，那里原来就是北京园林机械厂的厂区，处于天坛世界文化遗产核心保护范围内，区域包含内坛墙、广利门和舆路等天坛历史遗产本体，整个厂区占地面积约3.77公顷。历史文献曾有记载，皇帝在圜丘祭天前一日到达天坛，先到皇穹宇内的皇天上帝和祖先牌位前上香行礼，再到现场察看祭祀场地和祭品情况，然后从广利门出来转往斋宫斋戒，次日开始举行祭天大典。也有记载说，皇帝完成祭祀活动之后，经由广利门东侧的舆路，穿行广利门回紫禁城。

在70多年的时间里，北京园林机械厂在这片区域偏安一隅，与周围封闭隔绝，整个公园内坛的路到这里也成为断头路，游人根本进不来。20世

与天坛公园李高园长交谈（周高亮摄）

纪 50 年代中期，广利门的 3 个拱券门被辟为鸡舍，之后又作为库房存放材料。广利门长期封闭，祭祀舆路断行，坛墙倾颓荒疏，文物古建无人过问修缮。废弃的厂房与城市发展及人们的观念格格不入，如同文物古迹身上的一块伤疤，这扇灰色暗淡的铁门不仅仅阻拦了游人的脚步，更阻断了文化遗产的文脉气韵和完整格局。

为确保文物本体免遭进一步毁坏，2015 年公园腾空了作为库房的广利门，进行保护性隔离封闭。2018 年 4 月，广利门及南坛墙修缮工程正式开工。主要有：对广利门屋顶进行了局部挑顶修缮，按照原规制恢复琉璃瓦件屋面，清理台基；对碱蚀严重的城砖进行剔补，墙身重新抹灰；对大门各部完成修整，补配门钉，重做地仗油饰。同时，对广利门东侧的祭祀舆路遗址也进行了恢复。如今，这一区域在株行有距的常青树木掩映下，红墙碧瓦，色彩亮丽，坛门厚重端庄，坛墙和祭祀舆路开阔地向远方延展。

历史上广利门南面坛墙有穿墙门，门内有砖影壁，此门称为走牲门，为祭祀牺牲通行使用，是联系外坛牺牲所的通道。随着外坛被占，牺牲所近乎无存，穿墙门被封闭，影壁也被拆除。此次修缮工程顺利竣工后，曾经长期"不务正业"的广利门和面目全非的坛墙终于被"亮"了出来。此外，北京园林机械厂厂区内还有一片职工宿舍需要腾退，当时以为都是本厂职工，腾退工作可能难度会小一些，但是真正做起来以后困难还是挺大，情况也比较复杂。当时，感觉因公负伤的马树立师傅应该是最难说服的，只要他肯搬迁腾退，其他人就问题不大了。

与马树立师傅回忆天坛过往（周高亮摄）

在天坛广利门前，我见到了天坛退休职工马树立师傅，了解他们一家的搬迁经历，以及广利门附近文化景观的恢复情况。马树立师傅1957年出生，从小就在天坛周边长大，曾在广利门坛墙西侧的中学读书。当年学校的历史老师就对学生们说，咱们学校占的是文物保护单位，旁边广利门就是文物，文物不应该破坏，那是一种遗址。马树立师傅作为知青，1978年参加工作，在天坛公园工程队负责公园内部维修，但是刚工作一年半就发生了意外造成截瘫，胸椎以下不能动，需要坐轮椅才能出行。马树立师傅是因公受伤的天坛老员工，天坛公园对马树立师傅的生活给予了各方面的关照和保障。

1980年8月，天坛公园分配给了马树立师傅一个近200平方米的平房小院，位于天坛南坛墙附近。这样他坐着轮椅出了平房小院就是天坛公园绿地，可以随便溜达，生活比较方便，同时父母可以和他住在一起加以照顾。在这个平房小院一直住了38年以后，赶上了天坛环境整治。像马树立师傅这种状况，如果搬到楼房居住，乘坐轮椅的他就会很不方便。因此从内心讲，他不情愿搬到五环外的安置房。但是马树立师傅知道天坛整体保护是国家和北京市的大事，文化遗产腾退是必然趋势，同时补偿标准也符合他的要求，于是带头同意搬迁。马树立师傅说："搬家那天10分钟的路程我走了一个小时，挺不舍得离开这里。但是我知道，个人利益要服从国家利益，只有我们搬走了，这一片区域才能恢复它原来的面貌，也是为天坛申报世界遗产做了自己的贡献。"

如今，北京园林机械厂区域腾退完成并恢复原有风貌，使天坛广利门、内坛墙、祭祀舆路等历史遗迹和所承载的文物信息得以直观呈现。天坛公园本着对游人最大化开放原则，搬迁腾退后的区域作为游览空间向游客开放，新开放面积3.2公顷。

天坛坛域历史文化价值得到整体恢复和提升，有助于人们对历史上祭天礼仪有感性的认识，对天坛礼乐文化有生动的亲身体验，同时对进一步保护历史文化遗产，实现天坛完整性和真实性具有十分积极的作用。试想下，游客参观时，脚下就是明清两代君王的祭祀舆路，脑海里自然会浮现当年皇帝祭天仪仗经过时的浩荡庄严的场景。

今天，我们站在天坛内坛的广利门下，举目远望，高大的坛墙向北、向东延伸，再无遮拦。在圜丘4座坛门中，除了广利门得到维修保护外，位于东边的泰元门也受益于中轴线申报世界文化遗产而得到腾退修缮。现在 4 座坛门遥遥相望，圜丘坛重现了过去的格局。这些修缮复原的坛门、坛墙、舆路，作为中国古人思想观念的物化体现，承载了几千年礼乐文化传统，在发挥文化遗产的社会教育功能的同时，为游客提供了游览的新空间和新体验。

天坛遗产保护——更是保护一种文化传统

遗产保护本身更多地被视为保护一种文化传统。特别是对天坛而言，就包括它历史上的祭祀音乐、仪式规制、相关的可移动和不可移动文物等世界文化遗产价值。据李高园长介绍：1913 年的冬至，袁世凯穿着周朝的服饰在天坛举行的祭天仪式，这是我国历史上最后一次祭天仪式，也是中和韶乐在历史舞台上的最后一次演出。2004 年，天坛神乐署腾退修复完成后，时隔近百年，中和韶乐重新出现在世人面前。

天坛在列入《世界遗产名录》的同时，我国向世界遗产组织做出庄严承诺，将于 2030 年恢复天坛完整格局。明确"第一级为核心保护区，即目前的天坛公园，包括庙宇、古建筑、树木及整体原貌。保护区内不得兴建现代建筑；根据保护规划，保护区内的现代建筑应于 2000 年之前予以拆除，其中主要涉及商业建筑；保护区内只允许实施绿化工程和防火道路的建设。第二级保护区域为一般性保护区域。

区域内不得兴建新建筑；根据保护规划，须逐步拆除非古代建筑，以树木代之；此项工作应于 2030 年全部完成"。

天坛周边腾退项目中有大量简易楼，是北京老城内最大规模的简易楼群，建于 20 世纪六七十年代，部分楼房已经超期使用 30 余年。这些简易楼房屋面积小，安全隐患多，基础设施严重老化，多数楼房已出现整体破旧、门窗变形等问题。部分居民从楼内私拉乱接电线、天然气，明管、明线大量架空、裸露，存在很大的安全隐患。为兑现对世界遗产组织的保护承诺，消除安全隐患，切实改善民生，天坛简易楼腾退项目于 2015 年 10 月启动，涉及天坛南门外、西门外共 57 栋简易楼 2414 户居民的腾退。如今，天坛周边简易楼腾退出的空间已经恢复为成片绿地，为恢复天坛历史风貌、改善民生发挥了重要作用。

首都医科大学附属北京天坛医院位于天坛西外坛区域，始建于 1956 年，20 世纪 80 年代迁入天坛西里 6 号，是一所以神经外科为先导、神经科学为特色，集医、教、研、防为一体的三级甲等综合性医院，是世界三大神经外科研究中心之一。为落实《北京城市总体规划（2016 年—2035 年）》要求，疏解非首都功能，保护天坛世界文化遗产的风貌，2018 年 10 月，北京天坛医院顺利完成整体迁至丰台花乡地区的规划。这是北京地区首家整体搬迁的三级甲等综合性医院。

为配合北京中轴线整体申报世界文化遗产，2018 年和 2019 年上半年，天坛公园根据《天坛总体规划（2018—2035）》和《天坛文物保护规划（2018—2035）》完成园内核心游览区住户腾退，并对完成腾退的区域实施环境整治和文物修缮。其中拆除腾退房屋面积近9000平方米，拆除机械厂东侧料场6600平方米，拆除草料场1300多平方米。同时，拆除原有沥青道路和水泥路面后新作铺装，完成高压架空线拆除后电缆入地，制作安装仿古路灯，在腾退区域种植桧柏和草坪，绿地改造总面积36000平方米。

天坛作为坛庙，历史上有"内仪外海"的规制，在内坛种植的树木要求株行有距，称为"仪树"。因此，天坛公园对腾退拆除后的大片空白区域进行绿化改造时，以5米为间距，按规则行列种植常绿桧柏，并与周边原有绿植景观融为一体，营造出"苍璧礼天"的祭坛风貌和广袤苍茫的"郊祀"意境，体现了古人崇尚自然，追求"天人合一"的理念。考虑到开放后游人在这一区域游览的便利和游览体验，公园沿内坛墙设置了游览步道，游客行走在游览步道上，沿途观赏翠柏的仪态，感触坛墙的尺度，穿越祭祀舆路与历史对话，风吹过路两边苍翠的柏树，仿佛在讲述天坛过去和未来的故事。

天坛成功申报世界文化遗产以来，北京市政府和社会各界为天坛完整保护付出了极大的努力，取得了众多积极的成果。但是非常遗憾，由于历史原因，目前天坛外坛仍有大片坛域被不同的单位和住户占据，距离全面完整领略天坛世界文化遗产风貌的目标还有很大差距。李高园长在西二门前展示了一幅天坛规划变迁图，图上反映出历年来天坛内外坛腾退的变化历程；从中可以看到，现在天坛西北外坛、北外坛、东北外坛坛域已经都连成一体，但是西南外坛、南外坛、东南外坛还是被单位和住宅所隔断。

李高园长说，天坛现在就像是一个"蘑菇"，而它的历史真实情况，应该是清乾隆时期的历史规制，即"外方内圆"。由于外坛的残缺，使天坛"天圆地方"的格局体系在完整性、真实性上无法实现，很多历史信息因其载体的湮灭而归于沉寂。因此，必须通过不懈努力，加强天坛文物保护，早日恢复天坛原貌，实现遗产的完整性、原真性，才能在2030年恢复天坛坛域景观风貌，重现清乾隆时期的规制，为中轴线申报世界文化遗产发挥重要的积极作用。目前，天坛腾退的重点就是与中轴线保护密切相关的部分，包括582电台及往南到天坛西门这一段内外坛墙之间的单位和住宅。现在看来，这又是几块"硬骨头"。

今天，北京中轴线申报世界文化遗产为天坛遗产保护带来了历史性机遇。随着天坛周边天坛南里、天坛西里拆迁快速推进，为天坛坛墙保护修缮提供了有利条件。而作为南中轴路的重要组成部分，天坛西坛墙复建工程经过认真的勘查，寻找到西坛墙原有的坛墙基础，然后本着不改变文物原状的原则，正式进行西坛墙修复。为了展示天坛古老庄重的氛围，坛墙复建工程所需的30多万块城砖，全部按老城砖制式烧制。由于坛墙损坏严重，天坛西坛墙复建达800多米，修复只有60米。

在坛墙修缮过程中，按原规制、原材料、原工艺做法进行施工。坛墙墙帽全部挑顶修缮，揭除原有混凝土墙帽构件，按原规制恢复木椽杆、挂檐板、垫板、望板，恢复削割瓦绿琉璃剪边瓦面及琉璃正脊、垂脊。墙身在保持现状基础上，对表面酥碱严重的砖体进行剔补，对局部开裂鼓胀的墙体拆除重砌，其余墙面砖清理保护后重新勾抹灰缝，同时对墙体随地形高度加作仿城砖散水。复建后的天坛西坛墙高 4.5 米，为了使墙体更加坚固，在施工过程中，坛墙向地下多加了 70 厘米地基，墙体中间用四丁砖填实。

此外，始建于明永乐十八年（1420），和天坛对应的先农坛，也进行了一系列整改。先农坛原称山川坛，祭祀先农、社、稷、风、雨、雷、太岁与名山大川，因此先农坛也采取了与天坛类似的建筑平面形态。明清皇帝每年会到先农坛祭祀诸神，祈祷神灵保佑、国泰民安，并象征性地亲耕"一亩三分地"，以示重视农事，与民同耕，祈祷丰年，体现了封建社会"重农事""以民生为本"的传统发展理念。

在天坛世界文化遗产区域进行环境整治的同时，先农坛区域也开展了环境整治。亲耕籍田是先农坛最重要的文化空间和文化景观，但是长期以来一直是北京育才学校的操场。为此，社会各界强烈呼吁恢复这一仅有的历史景观。终于，在 2018 年"一亩三分地"重新收归先农坛所有。2019 年秋天，先农坛"一亩三分地"百年来首次再现农业秋收景象，金灿灿的谷穗压弯了腰，随风唱着丰收的歌谣。人们能在二环路里体验耕种，感觉很奇妙。

如今，根据南中轴路整治工程的总体安排，已完成了天坛、先农坛坛墙的复建，以及主要道路、桥梁和相关市政设施的建设及绿化，初步形成了整体景观。作为未来北京城区一条重要的景观大道，绿化

先农坛举办秋收体验活动（新华社图）

形式也力求与中轴线的景观相协调。在这一地区种植了油松 100 余株、桧柏 200 余株，种植草坪 3 万多平方米。与以往的大面积草坪不同的是，草坪内铺设了方便市民游览的草间小路，可以让市民尽情地徜徉其中。

衔接古今的"节点"建筑

　　几十年来，北京老城未能从整体上得到妥善保护，其传统风貌已经受到了较大影响。北京中轴线在城市建设中也受到了一些伤害，例如，为了治理交通拥堵，中轴线上的一些重要建筑遭到破坏，特别是一些节点景观被拆除。1951 年永定门瓮城被拆除，1954 年地安门被拆除，1957 年永定门箭楼被拆除，随后还拆除了永定门城楼，留下了永久的遗憾。同时，在中轴线东西两侧出现了一些与中轴线景观不协调的公共建筑及住宅，致使塑造古都壮美秩序的中轴线的意义与功能被淡化，使中轴线一度在概念上变得模糊，甚至在一段时期逐渐被人们所遗忘。

　　近年来，通过对北京中轴线进行详细考察可知，至清代末年，在中轴线上由南向北共有城楼、城门、宫殿、桥梁、亭、牌坊、鼓楼、钟楼等 41 处建筑。至今完整保存的有 36 处，为总数的 85.7%。在完整保存的 36 处建筑中，有 3 处为重建建筑。总体来说，北京中轴线上的古建筑保存得比较完整。如明清两代北京城内外双环的城墙与城门，被中轴线贯穿始终。虽然大部分城墙与城门早已湮没在城市变迁的历史中，但是中轴线上紫禁城的正门——午门、皇城的正门——天安门、北京城内城的正门——正阳门却留存至今，如今北京城外城的正门——永定门经过复建，恢复了历史景观风貌，弥补了这一完整系列的缺憾。中轴线不断被赋予新的内涵与使命，它既是一条历史之轴、文化之轴，又是一条发展之轴、未来之轴。

古建筑赋予新使命：规划与复建

北京中轴线上的永定门始建于嘉靖三十二年（1553），是明清北京城外城的南大门，也是北京中轴线南端的标志性建筑。1957 年，以解决城市交通发展需要为由，先后将永定门的城楼、箭楼和瓮城及南部城墙全部拆除，代之而来的是跨河大桥和公交通道。2004 年 9 月，消失了近半个世纪的永定门城楼在原址按原形制完成复建，再次屹立在中轴线南端。永定门城楼复建竣工后，中国著名历史地理学家侯仁之先生打来电话，要求亲自"登门"看看这座意义非凡的重建建筑。他坐着轮椅亲临现场，参观之后感叹道："永定门城楼的复建为首都增添了无限风光。"

永定门城楼的复建工程，全部依据 1937 年北平市文物整理委员会对永定门城楼的实测图和 1957 年永定门城楼拆除时留下的图纸，以及相关照片等档案资料进行施工，城楼的彩画是传统的"雅五墨旋子彩画"。永定门城楼重建既恢复了历史中轴线南端的标志，也成为北京当代城市建设史的一个组成部分，具有新的真实性的内涵。由此可以想到，永定门箭楼和门外护城河桥是中轴线南起点，具有重要的地标价值，未来也具备恢复的可能性。

北京中轴线上有 16 座桥梁。其中，正阳桥位于正阳门外护城河上，三拱石砌，桥身分为三路，栏杆隔开，中间为皇帝专用，两侧供平民车马行走。1919 年大修后桥拱改为钢筋混凝土结构，1955 年正阳桥被拆除，2008 年在原址按原状重建。天桥是清乾隆五十六年

复建后的永定门城楼

（1791）整治天坛、先农坛墙外环境，疏浚排水沟渠后建造的单拱石桥。清光绪三十二年（1906），天桥改建成矮石桥。1929年，因有轨电车行驶不便，天桥的桥身遂被修平，但是两旁仍有石栏杆。1934年，为拓宽正阳门至永定门的马路，天桥两旁的石栏杆也被全部拆除，于是天桥不复存在。重新复建的天桥建成于2013年12月，桥的位置在前门大街与天桥南大街交会处。

地安门的雁翅楼。始建于明永乐十八年（1420），是北京中轴线上的一处著名地标，坐落于地安门十字路口南面的东西两侧，与什刹海仅一街之隔。历史上，雁翅楼与地安门一起构成北京皇城最北端的屏障。雁翅楼是地安门的戍卫建筑，为黄琉璃瓦覆顶、东西对称的两栋二层砖混建筑，远观好似大雁张开的一对翅膀，因此得名。20世纪50年代，雁翅楼因地安门地区的道路建设而被拆除。2013年6月，雁翅楼景观复建工程开工，2014年竣工。复建后的雁翅楼因现有条件限制，仅在原有遗址上复建了东侧4间及西侧10间建筑，但是古韵犹存。2015年7月，雁翅楼挂起"中国书店"牌匾，迎接来自各地的读书人。

地安门的中国书店

雁翅楼的重建，再次引发人们对于地安门重建问题的讨论。明代皇城北门是北安门，清代改称地安门，位于皇城北墙正中，南对景山，北对钟鼓楼。历史上地安门为面阔 7 间、单檐歇山顶的单层建筑，与昔日皇城的东安门、西安门两门相仿。1954 年 12 月，地安门同样因为道路建设而被拆除。地安门是北京老城的重要地标性建筑，既是明清皇城的北门，也是北京中轴线北段的标志性节点。地安门建筑体量不大，原址在今日平安大街与地安门大街的交叉口处，与已经重建的地安门雁翅楼可以形成整体景观。

地安门的缺失，既影响了北京老城四重城郭格局的完整性，也影响了北京中轴线的完整性。因此我认为，为了重现中轴线壮美秩序，在条件允许的情况下，不排除在原址恢复地安门的可能性。目前，由于交通的压力给地安门的恢复带来了一定的困难，可以首先启动重建地安门的论证，倾听社会各界的意见。从保护文化景观的角度出发，原址复建是好的选择。实际上，随着科学技术进步，交通模式有多种选择，只要采取适宜的交通分流疏导措施，统筹谋划，科学规划，就能够找到妥善解决的方案，破解地安门重建的难题，实现双赢。

在清代，以天桥为界，天桥的南面是禁区，在那里只有楼房 10 间，分列东西，系属官产，此地不许民间搭盖房舍；天桥的北面虽然可以开设店铺，但是都为小酒馆、饺子铺之类。由于这个原因，当时天桥一带还多为空旷的地方。清光绪末年，天桥一带开始发生变化，逐步形成了以娱乐、百货为中心的平民市场。其中永安路以南、永定门内大街以西、北纬路以北的三角地是天桥最热闹的地方，摊商、杂技、说唱者汇聚，每日游客超过万人。1929年改造龙须沟，在外坛一带规划道路，兴建房屋，天桥地区日益兴盛，先后出现了水心亭商场、公平市场、先农市场、城南商场、惠元商场及城南游乐园。

1956年，天桥市场撤销。2000年10月13日，天桥启动"危旧房改造"工程，将永安路以南、北纬路以北、永定门内大街以西、东经路以东的胡同拆除，建设了天坛北里小区；同时拆除北纬路以南、南纬路以北、永定门内大街以西、福长街以东的胡同，建设了天桥南里小区，原来的公平西胡同拆除后改建为市民广场。2014年6月，历时一年建设，作为北京天桥历史文化景观中的"天桥"正式向民众开放。新建天桥历史文化景观保护的试点项目，位于明清时期北京形成的7.8千米的中轴线上。在天桥原址的南侧，包含了一座汉白玉单孔高拱桥和东西两座卧碑等天桥的标志，同时也恢复了"南有天桥、北有地桥"的传统说法。

前门大街南段。这段道路肌理最初形成于明嘉靖年间，由于南侧天桥周围聚集的人流、货流逐渐集聚北延，在这段道路两侧形成了市民日常生活气息浓厚、民俗艺术与商业并存的地区，有聚集而来的民间商贩自发市场，也有宣武门地区蔓延而来的士人会馆。此后，道路的传统格局一直在数百年间无太大变化，只是在民国时期道路中央增加了铛铛车轨道通行功能。直到中华人民共和国成立初期，这里一直延续着商铺、商会、寺庙、会馆等城市公共活动功能，这段道路北段宽度与前门大街北段基本一致。

2008 年，对前门大街南段道路两侧沿街建筑进行整治，清理范围为东西两侧平行的第一条南北向胡同之间，清理出的空间设置了沿街景观绿化带，道路宽度扩展为 70 ~ 110 米。但是，中央绿化带两侧景观缺乏对称性，中央御道步行空间与车辆交通空间较近，缺乏绿化空间缓冲，与天桥南大街 29 米的中央绿化带差异较大，轴线步行体验舒适性较弱。目前，这段中轴线御路已经按传统规格、传统材料进行了铺装。下一步如何强化中轴线对称的秩序感，如何实现景观视廊和市民需求之间的平衡，成为当前需要思考和解决的问题。

南中轴御道是在明清两朝从永定门到正阳门的中央御道，是皇帝驾临天坛祭天或到先农坛扶犁的必经之路。清雍正七年（1730），为了皇帝去天坛和先农坛出行方便，专门修了这条石砌御道。过去我多次来过这里，但是现今再从永定门向北看中轴线，感觉已有很大变化。脚下的这段条石路面，是当年复建南中轴御道时特意保存下来的。御道上的石材用料、铺设方式和道路尺度都按老规矩实施。

2003 年实施的南中轴路工程，是建设和完善南城交通体系、亮出首都南大门、改变南城整体形象的重大举措。这项工程北起南纬路，南至永定门立交桥，东起天坛公园西外坛墙，西至永定门内大街、天桥南大街现状路，全长 1000 米。过去这一地区道路两旁布满了简陋的商业门店，门店后面则是低矮、狭小的平房，成为典型的都市里的村庄。现在，沿着御道一路向北，左右对称的天坛和先农坛两坛之间的杂乱房屋已经拆除，拆除御道两侧房屋的时候，还露出了两座寺庙建筑，如今也保留在了原地。

2022年，随着北京中轴线绿色空间景观提升（东城段）工程正式亮相，南中轴御道全线贯通，形成了南中轴线正阳门与永定门之间通透的绿色视廊，为市民提供了一处领略古都风貌、感受中轴线风景的好去处。

另外，故宫也有重启复建，如故宫筒子河围房，位于故宫城墙与筒子河之间的狭长地带。明代这里曾设有守卫的值房，清代随着守卫制度的完善，沿筒子河内侧与城墙间三面加盖了732间守卫围房。20世纪30年代，这些围房因年久失修多数坍塌。1950年，故宫博物院对遗留残坏的围房进行了修缮，对坍塌的驳岸也进行了修整。1999年，故宫筒子河整治过程中再次对围房进行维修保护。至此，故宫神武门东、西两侧各有19间围房，东华门和西华门北侧各有40间围房。近些年，这些围房用于缓解故宫的空间压力。

在故宫筒子河（周高亮摄）

近年来，故宫博物院的空间安全压力逐年增加，故宫博物院员工编制为1400多人，同时还有武警、消防、安保、物业、服务、施工等单位数千名人员，"车满为患"成为日益严重的现象。一方面是故宫博物院员工车辆，目前有750辆左右，并有不断增长的趋势；另一方面还有相关部门和单位长年来往办事车辆500辆左右。此外，还有每天临时来故宫博物院办事停放的流动车辆约150车次。除三个固定停车场，即东华门内停车场、西华门内停车场、车队停车场外，还有相当数量的车辆停放于本部门的办公地点附近。

首先，在故宫博物院内停放的车辆数量大，相对集中，安全隐患突出。以每天停放1000辆车、每辆车携带30升汽油计算，合计就有30000升汽油；如此巨大数量的易燃易爆物放置在故宫博物院内十分危险，一旦车辆自燃引起爆炸，将造成难以想象的后果，潜在威胁巨大，必须引起高度重视。同时，车辆停放在故宫博物院内，与古建筑群整体反差较大，严重影响故宫博物院的整体环境和文化景观。特别是每天早晚大量车辆进出故宫神武门、东华门、西华门门洞，在故宫博物院内穿行，既不利于院内秩序的维护管理，又存在较大的交通安全隐患，对文物建筑和环境也构成了一定威胁。

其次，随着故宫博物院事业的不断发展，新员工的不断进入，现有办公用房不能满足工作需要，导致办公条件较差，人员过度拥挤，严重影响工作效率，也存在较大安全隐患。由于行政办公都在故宫博物院内，因联系工作等方面需要，每天到院内办事的外来人员越来越多，对这些外来人员的具体情况缺乏了解，无形中增加了安全管理压力，加大了安全隐患。同时，一些部门在故宫红墙内的古建筑群内办公。伴随临时搭建彩钢房拆除，红墙以内工作部门撤至红墙以外计划的实施，办公用房变得更加紧张，但是必须咬紧牙关强力推动，否则"平安故宫"的目标难以实现。为了保障故宫博物院古建筑、文物藏品和观众安全，必须采取切实有效措施对人员和车辆加以疏散。

2018 年，故宫博物院再次启动了筒子河围房复建工程，恢复故宫筒子河与故宫城墙之间的围房，从空间组织关系上理顺保护展示与办公管理之间的关系。不但可以再现当年紫禁城的完整景观，还可以将故宫博物院的行政管理人员和机动车全部搬出故宫，安排在这些围房内。这样，既能减少故宫已经不堪重负的压力，明显改善故宫的安全状况，又能减少非开放区域外来流动人员的出入，有利于故宫的整体安全管理，还能腾退因办公占用的部分古建筑，便于及时进行修缮保护和对观众开放，使社会公众增加对故宫文化的了解。

实际上，北京中轴线上的天安门城楼也早已不是古代建筑，它历经战乱和"文化大革命"，重新修建时未完全忠实于原状，整体高度增加了半米以上，但是天安门依旧以其特定的历史风貌，始终发挥着不可替代的现实作用。

对于历史建筑遗产重建是否合理的讨论，事实上关系到了文化遗产为什么需要保护的根本问题。建筑遗产保护是为了历史物证的可持续存在，也是为了传统文化的世代传承。建筑遗产不仅是冰冷的历史证物，还应该是人们情感的寄托和精神的家园。我们应该尊重起源于西方保护思想与实践的国际文化遗产保护领域，逐渐形成以最小干预原则为基础的现代科学保护理念。同时，也应该尊重具有悠久传统的中国历史建筑保护理念和实践，特别是中国传统木结构建筑的维修保护体系，建立具有中国特色的文化遗产保护之路。

历史建筑并非凝固的遗产标本，它不仅是人们认识过去岁月的物质史料，也应该成为人们理解未来的知识载体。对于曾经消失的建筑遗产经过重建后再现，进行展示与诠释，可以向社会公众传播建筑遗产的价值，可以使人们与曾经消失的文化传统重新建立联系。因此，我认为，基于对建筑遗产文化价值的深入思考，基于严谨的科学研究论证，将被人为或自然力量无情毁坏、具有独特文化地标意义和精神象征意义的历史建筑进行重建，再现其独特风貌和文化价值的同时，让它们具有永恒意义，理应被看作是一种延续文化记忆的文化遗产保护方式。

今天，随着文化遗产保护理念的进步，人们对于保护文物建筑真实性提出更高要求，同时也倡导注重保存文化史迹的历史风貌，包括对已遭毁坏而有保存价值又有复原依据的历史建筑予以重建。例如，由联合国教科文组织（UNESCO）与中国、日本合作复原整修的西安唐大明宫含元殿遗址。最终将高大的夯土遗址包含在砖石材料之内，复原了当年巍峨壮观、层叠高起的基座，使我们如今可以登上含元殿遗址，感受到气势恢宏的盛唐气象，并激发和鼓舞起建设大明宫遗址公园的信心[1]。清华大学也复原重建了在"文化大革命"中被拆

---

① 　杨鸿勋 . 永葆北京城的"生命印记". 北京规划建设，2001（3）：15.

毁的晚清所建、题有"清华园"三字的"二校门"。位于朝阜大街的妙应寺山门，也在"文化大革命"中被拆毁，在其上建设了副食商场，20世纪90年代进行环境整治，同时按照原位置、原形制、原材料、原工艺复建了山门。

每个城市都有其自身特色，中轴线就是北京重要的特色，需要在城市规划设计中挖掘、保护和发扬。故宫和天安门广场都在北京中轴线上，一个完整保留下来，一个有了新的发展，说明北京中轴线是具有生命力的"活态文化遗产"。长期以来，在北京老城的四周基础上开辟了二环路、三环路、四环路、五环路等"圈层"道路系统，把北京老城置于平面布局的中心，历史悠久的文化古都建筑如何突破"圈层"，如何使文化遗产资源惠及全城，一个重要的战略措施就是保护和发展北京中轴线！

中轴线的"新亮点"

北京中轴线随着城市建设的展开，也在持续成长。1984年，北京获得第11届亚洲运动会举办权，这是我国第一次承办大型洲际运动会。北京市决定将亚运村及众多比赛场馆选址在城市北部。同时为缓解从老城到亚运村的交通拥堵，从北二环中路的钟鼓楼桥，到北四环中路开辟了一条新的城市干道，长度约5千米，这是明清北京中轴线第一次长距离向北部延伸。与此同时，北中轴线的概念进入公众视野。

1993 年 10 月，国务院批准了《北京城市总体规划（1991 年—2010 年）》，提出要保护和发展城市中轴线，"把中轴线向南、北两个方向延伸，在其两侧和终端安排公共建筑群，采取不同的城市设计处理手法，分别体现出'门户'形象和 21 世纪首都的新风貌"。对中轴线的保护和发展有了明确的规划理念。北京中轴线及其南北延长线，应该成为中国传统建筑和当代建筑艺术的集中体现。

按照北京城市总体规划，传统中轴线不断向北延伸，规划在其北端形成城市空间的高潮。虽然在 1993 年北京申办 2000 年奥林匹克运动会时，中心区就考虑设在北郊，但是当时奥运场馆规划的用地范围、项目安排，特别是与中轴线的关系等方面，与此后规划实施情况有很大不同。21 世纪初，北京以再次申办 2008 年奥林匹克运动会为契机，规划建设奥林匹克公园。奥林匹克公园占地 1215 公顷，由 3 个部分组成：760 公顷的森林绿地、50 公顷的中华民族博物馆和 405 公顷的中心区。

由于当时奥运会正在申报过程中，未经授权不能使用"奥林匹克"名称，因此中心区最初名称为"北京国际展览体育中心"，是奥林匹克公园的核心，汇集了奥运会的主要场馆和设施。经过反复论证确定了中心区的范围，即北起辛店村路、南至北土城路、东起北辰东路、西至白庙村路、北辰西路和中轴路。中心区位于城市繁华地段，拆迁量小，规划限制较少，基础设施条件优越，是北京城市规划长期以来预留给 21 世纪的发展用地，奥运会场馆和设施建设将使北京中轴线得到更好的成长和发展。

2000 年 3 月至 7 月，北京规划委员会作为业主，向国内外设计单位征集中心区"北京国际展览体育中心"的规划设计方案。此次征集活动共收到了来自中国、美国、法国、德国、日本、澳大利亚，以及中国香港、中国台湾的 26 家设计单位提交的 16 个规划设计方案。这些方案各具特色。经过专家评审，最终评选出了 2 个二等奖和 3 个三等奖。北京 2008 年奥运会申办成功后，为了更符合奥运会的要求、符合城市空间序列和城市发展的需要，我们对奥运会总体规划布局进行调整，奥林匹克公园中心区的规划方案得以不断完善。

　　奥林匹克公园中心区的调整方案吸取了获奖方案的诸多长处，并结合北京城市发展实际和中轴线远景规划，历时 5 个多月的反复修改，直到国际奥林匹克委员会和所有的国际单项组织对北京考察结束后才最后定稿。奥林匹克公园集中了 14 个体育场馆，总观众座位数达 26 万余座，开、闭幕式等重要的庆典活动也在这里举行，根据比赛日程测算，第 9 天的观众人数最高将近 50 万。奥林匹克公园中心区还包括由世界各大新闻媒体使用的"主新闻中心"，供 17000 名运动员居住、生活、休闲、娱乐的奥运村等一系列重要设施。

　　当时初步设想在奥林匹克公园中心区广场的北部、中轴线的尽端，建设一组高 500 米、建筑面积约 60 万平方米的多功能的智能型世贸大厦，作为北京中轴线的收尾。如今回想起来，这座大厦方案未能得以实施，而是以 7.5 平方千米的奥林匹克公园作为北京中轴线的北端收尾，实属明智之举。这是一个备受瞩目的规划设计，题目为"人类文明成就的轴线"，自北向南分为森林公园、中心区和四环路以

奥林匹克森林公园（新华社图）

南区域三大部分。奥林匹克公园集森林、湿地于一体，空间开阔，对北京城北部区域的城市肌理带来了深远影响，不但满足了社会公众的现实需要，还为未来发展留有余地。

2001 年以后，北京奥运会工程全面铺开，以此为契机，中轴线的概念被越来越多的人熟知。奥林匹克公园是奥运会的中心活动区域，至此，中轴线进一步从北四环向北延伸至北五环，中轴线北端城市景观的格局基本确立。2008 年 8 月 8 日，第 29 届夏季奥林匹克运动会在北京举办开幕式，29 个巨大的"烟花脚印"，以永定门为起点，沿北京中轴线一路向北，迈向奥运会主体育场。这种仪式感十足的设计，在北京中轴线之上赋予了时代寓意，完成了古代历史与现代时空的有机衔接，将当下的北京置于人类文明的历史长河之中。

2003 年 12 月，北京市规划委员会编制完成《北京中轴线城市设计方案》，首次明确将中轴线向南延伸到南苑。在筹办 2008 年奥运会的过程中，南中轴路得以修建。2009 年 11 月，北京市在《促进城市南部地区加快发展行动计划》中明确指出构建"一轴一带多园区"的发展格局，确立了南中轴在北京南部地区发展的引领与带动作用。为积极推进南中轴的发展，2011 年在原南苑园址南部建设南海子公园，复建团河行宫，修缮德寿寺，逐步梳理文化脉络，使南中轴的综合历史价值开始复兴，在北京中轴线上的节点地位逐渐显现并强化。

2017 年 9 月公布的《北京城市总体规划（2016 年—2035 年）》提出，构建"一核一主一副、两轴多点一区"的城市空间结构，纵贯南北的北京中轴线，被纳入新一轮的城市空间布局调整与功能优化过程中。南中轴不仅承载着北京城市南部的未来发展目标，而且担负着缓解北京"城市病"，带动南北均衡发展的重任。随着首都大兴国际机场的投入使用，建成承载首都"新国门"的高端功能区，进而带动周边地区的发展升级，成为非常具有潜力的新地标。北京南部地区紧邻首都核心区，居于城市副中心和雄安新区之间，是"一核两翼"的腹地，具有得天独厚的区位优势，将南中轴大气磅礴地铺陈开来，呈现出新的气象。

整体保护北京中轴线，一方面，要深刻揭示中轴线文化内涵，整治中轴线周边环境，修复已经缺失的文化景观；另一方面，要维护中轴线的天际线和空间环境，继承中轴对称的城市格局，强化中轴线鲜明的统领地位，强化富有节奏的空间序列。同时，在中轴线南北延长线的规划设计中，亦应努力展现千年古都秩序的演变，注重两侧建筑起到的加强和烘托中轴线的作用，特别要避免出现破坏中轴线空间环境的建设项目，使古老的北京与现代的北京成功完成时空的对接，充分体现首都风范、古都风韵、时代风貌。

"一线牵一城，线上汇集了北京城建筑的精髓。一城聚一线，北京城的变迁在线上留痕，线也随之不断生长。有人说，这是一条历史轴，娓娓讲述北京往事；也有人说，这是一条发展轴，人们从这条线上读北京、看中国。"中轴线是城市发展轴，中轴线从 7.8 千米延

大兴机场（新华社图）

伸到 88.8 千米，体现出"一脉传城"的气魄。在新北京的城市空间结构中，北京中轴线仍将是世界上唯一的、无与伦比的、独一无二的"中国气质"中轴线，是"集中展现着中华文明的过去、现在和未来精粹的文化遗产轴线"。历经数百年时光，这条中轴线依然保持着蓬勃的生命力，且在不断被赋予新的内涵与使命，它既是一条历史之轴、文化之轴，又是一条发展之轴、未来之轴！

绵延文化的策略与硕果

北京中轴线在文物保护利用方面还存在一些问题和不足。例如，中轴线保护范围内的文物保护单位隶属关系复杂，分属不同层级、不同系统，认识不一，管理有别，缺乏有效的统一管理体制和协调机制。虽然对于文物保护相关责任有明确规定，但是落实不到位、执法不严、监管不力、部门间协同不顺的情况时有发生。一些在文物保护范围内进行私搭乱建等危害文物安全的违法行为，也未得到及时有效的调查处理。特别是文物保护力量不足，保护专业化水平、科学化程度不高，以及社会参与中轴线文物保护利用缺乏政策支持和制度保障，处于自发状态，没有形成社会与政府齐心协力的良好局面。

太庙：如何提升文化遗产安全

太庙始建于明永乐十八年（1420），为明清两代皇家宗庙。1950年，太庙改为"北京市劳动人民文化宫"，交由北京市总工会作为工人文化娱乐场所开放。但是由于历史原因，自20世纪50年代起，在太庙东北角区域、体育场看台下、故宫端门东墙下的棚户区共有75户居民在此居住，房屋169间，严重破坏了太庙的整体风貌。为此，我到现场进行调查，发现太庙的保护范围内存在严重的消防隐患，令人十分担忧。

一是由于此片区居民大量采用液化气罐做饭、用煤取暖，大量无序的用油、用气、用火、用电对太庙古建筑群和居民自身安全构成严重隐患。二是由于居民住房向室外扩张而挤占通道，有的平房顶上

太庙

又加盖房屋，造成通道狭窄，一旦发生火灾无法实施扑救。三是居民棚户区住户搭建临时简易设施用作储煤、储物及简易厨房，或者堆放生活杂物，该区域还有众多古柏、杨树等高大树木，易燃物品杂乱繁多，极易发生火灾事故。四是居民棚户区造成太庙周边环境复杂，无法按要求安装周界报警监控等必备的安防设施与设备，导致治安环境和安防条件差，严重威胁了太庙古建筑群和居民人身财产安全。

鉴于太庙的重要历史文化价值及其特殊地理位置，整体搬迁居民棚户区，彻底整改太庙古建筑群安全隐患，已成为当务之急。为此，我于 2011 年 3 月在全国政协十一届四次会议上提交了《关于抓紧消除全国重点文物保护单位太庙火险隐患的提案》，内容中建议如下：一是加快太庙保护范围内棚户区的搬迁整治工作，以彻底解决安全隐患，同时改善住户的居住条件和生活水平；二是在太庙文物保护范围内的居民棚户区拆迁整治完成前，要进一步采取有效措施，严防火灾和其他安全事故发生；三是太庙文物保护范围内的居民棚户区完成拆迁改造后，要恢复太庙历史环境风貌，提升太庙的整体文物价值，美化太庙周边城市环境。

当时，提案承办单位对我的提案做了认真答复，召开专题会议进行研究和部署，并制订了搬迁安置工作方案。但是，3 年以后，2014 年春节期间我再次到现场进行调查，发现太庙保护范围内棚户区搬迁整治工作并未真正开展，火险隐患问题依然存在，十分堪忧。我想到当时发生在云南香格里拉独克宗古城火灾所造成的对文化遗产的破坏，认为此处情况应引起高度关注，应彻底解决这一历史遗留问题。于是，我在2014年的全国政协十二届二次会议上再次提交了《关于抓紧消除北京市两处全国重点文物保护单位火险隐患的提案》。

我在提案中建议，在国家法律层面制定消除文物建筑安全隐患的强制性规定，增加对于文物保护单位管理使用者的制约机制，为文物建筑的安全提供法律依据和可操作性强的工作程序。对违法破坏或有能力而不及时解决安全问题的单位予以惩罚，在一定期限内不予改正的，执法部门可以进行相应的处罚，或者在一定前提下可以通过法律诉讼等方式执行。如今，经过各方努力，居住在太庙内的居民已经得到妥善安置，火灾隐患得到消除，历史环境得到恢复。这一过程使我认识到，文物消防安全是一项长期而艰巨的任务，只有提高防范能力，预防火灾事故发生，才能确保国家文化遗产安全。

遗址公园：保持和恢复中轴文化景观

在世纪之交，北京市不断加强中轴线的保护，如2001年启动的皇城根遗址公园、菖蒲河遗址公园、明城墙遗址公园的建设，2002年启动的"故宫整体维修保护工程"，均使北京中轴线呈现出更加壮美的文化景观。同时，《北京皇城保护规划》《北京中轴线城市设计》等陆续制定实施，成为对中轴线实施整体保护的重要依据。北京中轴线整体保护，推动北京老城和文化遗产保护，使人们重新审视北京中轴线的重要价值，审视中华传统文化的无限魅力，审视北京城市的繁荣今天和壮美未来。通过保持和恢复传统中轴线的文化景观风貌，深入发掘其文化内涵，也将促进城市相关文化产业的集聚发展，使传统中轴线成为北京最富魅力的文化旅游路线。

考古遗址公园是国际通用并已日趋成熟的考古遗址保护和利用模式，对我国现阶段的大遗址保护工作具有充分的现实意义和较强的操作性。大遗址保护涉及考古、保护、管理、展示、科研、环境整治、土地利用、产业调整、人口调控、资金投入等多项内容，是综合性社会系统工程。考古遗址公园不仅可以有效抵御城市建设对遗址的蚕食，净化、美化遗址环境，而且能依靠自主运营维护遗址保护和利用的可持续性。可以说，考古遗址公园为遗址增添了一道新的防线，能够有效捍卫遗址尊严，提升遗址的社会形象。

在皇城根遗址公园考察（周高亮摄）

（1）皇城根遗址公园

皇城在元大都时代形成，皇城墙元代时称作"萧墙"，其周长及形制各朝不同。据相关资料记述："明清时代的皇城为全封闭状态，墙身红色，顶覆黄琉璃瓦；墙高一丈八尺，下宽六尺五寸，上宽五尺二寸，明皇城墙周长约十八里，清代拓至二十二里。"坐落在紫禁城与王府井步行街之间的皇城根遗址，是历史上明、清皇城东墙的位置。2000 年，随着王府井大街二期工程的进行，施工中发现了明朝东皇城墙的多处遗址。为了弘扬中华传统文化，为市民增添一处文化休闲的历史景观，2001 年 1 月，北京市政府决定结合王府井大街三期工程的整治，在明皇城东城墙的遗址上修建皇城根遗址公园。

皇城根遗址公园

当时，在皇城根城墙遗址上，有966户居民和208个单位长期占用，其中还包括一些仓库和煤铺。这些居民和单位仅用一个月时间就全部搬离考古遗址，成为当年北京城市建设和文化遗产保护中的特例。

皇城根城墙遗址的展示，是一件科学性极强的工作，应突出展示内容所蕴含的历史、科学、艺术价值和人类与自然环境的融合关系。同时，应明确保护展示的主题，在设计意图、环境衬托、细部处理上因地制宜地形成自身的特色。实践表明，遗址环境总体氛围的设计十分重要，在大多数情况下能够取得良好的效果，不仅有利于节省修复所需大量资金，也有利于避免因不适当展示做法而导致对古代城市遗址原有价值的破坏。散布在草地、灌木丛中的古代城市遗址，可以表现出一种天然野趣。

皇城东城墙已经在历史上消失，为了找回人们的记忆，在皇城根遗址公园的北端还象征性地复原了一小段皇城城墙。2001年9月11日，皇城根遗址公园建成开园。皇城根遗址公园南起东长安街，北至平安大街，全长2.8千米，平均宽度29米。实施方案强调考古遗址保护与局部复原展示，并运用隐喻、象征等城市设计及造园手法形成文化公园。皇城根遗址公园内栽种草坪4万平方米、灌木4.4万余株，移植了2000多棵胸径10厘米以上的大树及一批珍贵树种，这里还有明清时期石雕的北京地图、地下墙基遗存、复建的一段皇城城墙、东厂胡同和翠花胡同间的四合院、原中法大学的雕塑等人文景致，且点缀有喷泉、雕塑等景观小品，构成"梅兰春雨""御泉夏爽""银枫秋色""松竹冬翠"等四季景致。

（2）明城墙遗址公园

明城墙遗址公园西起崇文门，东至东南角楼，在这段城墙遗址有12座墩台，大约每隔80米就有一座，较大的墩台长度可达30多米。这段城墙地面上有约40%的残存断面，是北京唯一一段存留的明代内城城墙。特别是保存完好的东便门城楼箭楼，在世人眼里它几乎是北京老城城池的"标准照"，将其保护并展示出来对延续北京历史发展有着非凡的意义。但是，明城墙遗址东便门段不但年久失修，而且由于历史原因，单位、居民自然聚居，私搭乱建现象严重。

当时，明城墙遗址的保护范围内占用单位多，居民住户多，并且分属不同单位，既有中央单位、市属单位，又有区属单位、街道工厂，还有自由市场，各单位间的情况完全不同。在居民住户中，既有北京铁路局居民，又有大量零散居民；居民的住房性质也千差万别，有房管房、单位自管房、自建有证房、自建无证房、工棚等，情况十分复杂。许多居民住房是由原北京站施工的工棚改建的房屋，还有几十年来私搭乱建的违章建筑，当时大量低矮、简陋的房屋和临时棚户"包围"着城墙，有20多个单位直接在城墙遗址上建造厂房、车间，建筑面积达3万平方米，整体环境十分破败。

对于明北京城墙遗址这类古代城市遗址及其背景环境的综合改善，必然要触及不同社会群体的利益与习惯，需要强有力的舆论支持和公众的广泛参与。同时，明城墙遗址的保护与社会民众的生活息息相关，是联系历史与现实、文化与大众、价值观念与现实思考的桥梁。面对北京明城墙遗址保护状况的恶化，面对遗址所在地人们对人居环境改善的渴望，必须有一个明确的对策，必须对城市发展和民众生活给予充分的关注，其中核心问题就是如何处理好文化遗产保护与当地民众生活的改善。

如果通过对北京明城墙遗址实施积极的保护，带动这一区域的文化氛围，从而改善城市的生态环境，提高民众的生活水平，那么明城墙遗址的保护成果就必然会影响社会各界，就会有更多的人力和资金投入文化遗产保护事业，就会得到社会更广泛的支持。实际上，居住在明城墙遗址区域的民众早已期盼获得改善生活的机会，多年来周边区域的大量城市建设项目都没有实现，如果通过明城墙遗址保护使当地民众离开环境脏乱的地区，提高低下的生活水平，文化遗产保护就是给百姓带来了实惠。

明城墙遗址公园

为了从根本上改变北京站南区明城墙遗址一带"棚户区"的状况，进一步完善北京老城区的绿地系统，改善城区局部的生态环境，恢复京城古老城墙的迷人风采，2001 年，北京市政府决定启动明城墙遗址东便门段周边环境整治。这成为当时北京市规模最大的文物保护和环境整治工程之一。2001 年 12 月 22 日，工程正式启动，明城墙遗址周边开始腾退拆迁，政府投入 6 亿多元安置搬迁单位、居民，其中居民的安置搬迁难度超乎想象。明城墙遗址内单位、居民的搬迁，首次采用"文物腾退"政策，即原建设单位腾退房屋，原产权单位腾退住户。

　　明城墙遗址东便门段的地理位置处于城市中心区，随着搬迁整治的实施，彻底解决了 80 多年来形成的单位、住户占用明城墙遗址问题，使文物长期遭受破坏的状况，以及这一地区多年来存在的房屋破落、垃圾遍地、污水横流等恶劣的环境问题发生了根本性改变。这一阶段共搬迁安置居民 2612 户，其中包括铁路系统居民 658 户、崇文区（现东城区）居民 1144 户、城建系统居民 524 户等，共拆除各类建筑 6000 余间，清运渣土垃圾 16 万吨。在拆除城墙遗址上杂乱的房屋、清运渣土垃圾的过程中，维护了现存已经残破的城墙墙体，避免了继续加大对城墙的破坏；在整治的基础上，环绕城墙遗址种植了 5.2 万平方米的草坪、树木。

　　如今，明城墙遗址公园内精心设计的老树明墙、残垣漫步、古楼新韵、雉堞铺翠等景观增添了古老城墙的魅力。而那高低起伏的城墙断面看似是不经意之作，其实也都经过了精心设计。城墙脚下有一条蜿蜒的小路，路的两侧绿草茵茵，花团锦簇，松柏苍翠，蝴蝶在花丛中翩翩飞舞，茂盛的树木错综林立，在树干上挂着知识卡片，只需用手机扫一下卡片上的二维码，就可获得树木的详细介绍。在展现古城墙历史风貌的同时，也让市民有了休闲娱乐的难得空间，这里有儿童嬉戏、青年锻炼、老人散步，一派闲适、温馨的氛围。

宣传与保护：让中轴线文化呈现在更多人面前

今天，北京中轴线申报世界文化遗产已经引起社会各界广泛关注，但是目前广大市民对于北京中轴线的准确概念，包括中轴线的历史沿革、文化内涵，中轴线上及两侧的文物建筑，以及历史地段等了解还比较有限，应该加强宣传和保护工作，使广大市民了解申报世界文化遗产的意义。同时，让居住在这里的人们生活得更舒适且拥有获得感，让更多民众为北京拥有壮美的中轴线而自豪，社会各界和广大群众自愿参与到中轴线的保护与宣传中来，使北京中轴线保护和申报世界文化遗产成为全社会主动参与和配合的自觉行为。

2016年，北京市政协委员胡永芳开始拍摄北京中轴线纪录片。她说："一开始就知道有中轴线，但是对中轴线到底是什么并不是特别清晰，在拍摄过程中越来越深入地了解中轴线，也就越来越感到自豪，为中轴线的魅力折服。"在徒步拍摄过程中，胡永芳委员也不时停下来和当地的居民交流，却感受到了人们对中轴线的陌生。"说起中轴线，有许多居民都不知道自己就住在中轴线上。""还有许多居民说，中轴线远了去了，到鸟巢北边呢！"由于北京中轴线不同于故宫、天坛等边界明确的世界文化遗产，而且文化遗产构成和申报范围仍处于研究过程中，对普通市民来说，确实存在对中轴线的历史、文化内涵、具体的建筑与地段乃至准确概念等知识了解都非常有限的问题。

为了让更多的人知道中轴线，让中轴线故事呈现在更多人面前。胡永芳委员建议建立中轴线的线上数字博物馆，充分利用互联网和移动端，建立与大众的互动渠道，方便市民全面深入地了解中轴线的每一处景观，了解它的由来、演变及将来的规划，让更多人为中轴线自豪。同时，及时了解中轴线保护的社会心理和关注焦点，使中轴线申报世界文化遗产成为全社会主动配合的自觉行为。目前，北京市文物

局已经开展北京中轴线资料辑录工作，采用数字建模的方式复原中轴线上消失的经典古建筑，并积极建设中轴线线上数字博物馆，推进北京中轴线申报世界遗产获得更广泛的社会支持。

北京市规划委员会组织了"北京永定门城楼复建及南中轴部分地段修建性详细规划方案"征集活动。此次修建性详

永定门城墙

细规划的范围是北起南纬路、南至燕墩遗址及周边绿地，总长约 1.7 千米，规划范围约 47 公顷，处于天坛、先农坛两坛中间，地理位置重要，是北京中轴线的南端。实施方案强调尊重传统思想文化，采用的表现手法为统一的设计语言，以简洁的形式，形成空间层级递进的严谨秩序，空间节奏明确、开合有致的文化景观。一个承载着深厚历史文化、蕴含着丰富历史故事的中轴线重新呈现在世人面前。

在修建性详细规划方案中，天坛南门以南部分以绿化为主，集中展现历史风貌。保留观音寺及天坛西门入口处的值房等传达历史信息的建筑。天坛南门以北部分安排地下商业设施和下沉广场。此外，方案还同时确定了永定门城楼南侧瓮城及护城河的设计。永定门城楼南侧原有瓮城、箭楼和环形护城河，当时根据专家意见，方案中只复建永定门城楼，在其南侧广场上，以不同的地面铺装来标识原瓮城及箭楼的位置。广场两侧与立交桥之间呈现出 15 米宽的护城河水面，让城楼与立交桥的景观有所分离，也为河上的游船提供了较好的观赏视线。

北京市城市规划设计研究院院长石晓冬针对中轴线申报世界文化遗产，提出了新的规划设计策略。一是优先考虑中轴线整体风貌景观要求，保证中央御道空间充足，保证南北景观视廊通畅及两侧街道景观对称。二是满足中轴线文化展示需求，为公众提供游览中轴线舒适便捷的慢行系统。三是关注公交与慢行主导的交通组织需求。具体做法是强化轴线对称，净化轴线景观，在前门大街南段两侧形成沿中轴对称的道路断面及城市景观，对已经露出地面影响风貌的地铁出入口及附属设施做景观消隐处理，满足市民及游客的需求。从使用者的视角充分提高步行系统的联系性与便捷性，使御道空间具有较高可达性。

实际上，从规划设计到实施完成，是一个连续的过程，期间需要不断优化和改进。例如，对交通环境充分考虑，避免各类交通流线交叉，从而创造安全的步行游览空间，保障视廊畅通，使御道上的观赏人群能够看到正阳门。整体规划区域统筹从区域视角对道路的历史文化功能、交通功能、绿化景观功能等进行整体平衡，统筹考虑各专业的限制要素和空间要求，将两侧的铺陈市胡同、西草市街胡同纳入交通组织。我们一行登上铛铛车，行进间继续进行交流。民国时期前门大街的道路中央有了铛铛车，一直发展到今天，已经成为一条中轴文化的探访路。我想，未来如果御路全部贯通的话，铛铛车应该可以从前门大街一直开到永定门。

在保护北京中轴线古建领域，先行者们始终不遗余力。1934 年，中央研究院历史语言研究所委托中国营造学社详细测绘故宫，这项工作由梁思成先生负责，从 1934 年开始到 1937 年抗日战争爆发后中断，共测绘了故宫古建筑 60 余处。这几年梁思成先生身心完全浸染于故宫，对他构建以中国官式建筑为主流样式的古代建筑史体系具有重要意义。虽然最终未能完成整个故宫的测绘，但是在中国营造学社陆续编写出版的《建筑设计参考图集》《中国建筑史》《图像中国建筑史》中，都不难发现故宫古建筑的重要地位。这些或为图说，或为史论，或为中文解说，或为英文介绍的著述中，故宫作为中国古典建筑的集大成与收官之作，始终在彰显其作为中国古建筑顶级样本的魅力。

1941 年，为预防北平古建筑遭战火焚毁，由中国营造学社社长朱启钤谋划、建筑师张镈主持，历时 4 年绘制了北起钟鼓楼、南至永定门的北京中轴线主要古建筑实测图，共 704 幅。这是 20 世纪 40 年代北京中轴线建筑规模空前的测绘活动，将北京中轴线建筑从南到北逐一系统地测绘下来：宫苑广场有总平面、总立面和总剖面；单体建筑有平面、立面、剖面和大样图；标注有详细的尺寸和材料、做法，既有空间构成表达，也有总立面的渲染。全部数据均按不小于 1/50 的比例尺，用墨线或彩色渲染绘制在 60 英寸 ×42 英寸（1 英寸 ≈ 2.54 厘米）的高级橡皮纸上，图纸完整、数据精确、制图精美，堪称中国古建筑测绘图范。

这是北京建城史上第一次，也是唯一一次运用现代测量技术全面测绘中轴线古建筑的创举，更是抗日战争时期中国知识界保护北京古建筑的一项重大成就。一个世纪以来，永定门、中华门、长安左右门、北上门、地安门等，这些中轴线上连接内外，体现礼制、分别嫡庶的重要古建筑一个个消失于城市建设之中。除了保存至今的一些老照片外，能够记录这些已经消失的古建筑实测数据的资料，唯有这套实测图纸，它成为还原北京城历史上壮丽风貌仅有的依据，在今天科学保护北京中轴线的实际举措中，必然发挥着重要的指导作用，向世人展现其在历史、建筑、档案、文献等学科领域中应有的价值与地位。

这套实测图纸还是北京建城以来完成的北京中轴线建筑体系最为完整的测量图。在科学价值方面，古建筑的维修与保护是一门严谨的科学，这套图纸的诞生是现代测绘方法运用到古建测量中的一次完美实践，为后世的古建筑研究与保护提供了现代意义上的经验。这次测绘也代表了20世纪40年代中国文物建筑测绘的水平与成就。在艺术价值方面，这套实测图纸的表现形式，或黑白墨线，或彩色渲染，图上建筑比例准确，落笔细致入微。纸张全部采用当时德国的橡皮图纸绘制，大气磅礴，历史气息浓厚。不论在绘制手法还是材质选用上，均可视作一部不可多得的艺术珍品。

2017年，故宫出版社汇集了故宫博物院收藏的355幅实测图纸，中国文化遗产研究院收藏的299幅实测图纸，清华大学建筑学院收藏的62幅测绘于1934年前后的紫禁城古建筑图纸，在拟定"完全忠实原图、修补少量破损、保存修改痕迹、适当除脏除皱"的图纸编辑标准下，终于完成了《北京城中轴线古建筑实测图集》的出版。这

《北京城中轴线古建筑实测图集》中的建筑彩图（书影）

套图集共收录了北京中轴线上 22 组古建筑，并对其中 87 处单体建筑出具了严谨的文字介绍，大到建筑体量，小到装饰细节，予以说明。《北京城中轴线古建筑实测图集》是 80 多年前不畏艰难的先行者们集体智慧的壮举，也是 80 多年后缅怀先贤的接力者们薪火相传的结晶。

　　北京中轴线是有生命力的，它对北京的城市规划历史发展具有重要的作用，是北京这座历史文化古都的"灵魂"和"脊梁"，它体现和展示了北京这座城市的文化精神。保护中轴线，了解中轴线，更能从中理解泱泱中华灿烂的文明。要加大北京中轴线文化价值和意义的宣传和引导，因为它影响的不只是北京的现在，还有北京的未来！

中轴线申遗之路的
探索与追求

　　几十年来，我访问过世界上其他一些国家的历史性城市，也看到过一些著名的城市轴线景观。这些国家的城市轴线上布局着王宫、教堂和纪念性建筑群，虽然也努力展示城市精神和文化追求，往往只是影响城市中特定的具体区域，难以构成统率城市全局的"脊梁与灵魂"。而北京中轴线以纵贯全城的布局形式，几百年来始终在城市发展中发挥着核心统领和辐射作用。因此，我始终认为，北京中轴线是世界上最壮美的城市轴线，具有突出的世界性价值，是独一无二的人类创造性文化结晶，应该成为世界文化遗产大家庭中当之无愧的重要成员。

推进：北京中轴线申遗之路

2011 年 3 月，在全国政协十一届四次会议上，我提交了《关于推动北京传统中轴线申报世界文化遗产的提案》。

首先，建议加大传统中轴线的整体保护力度，进一步扩大传统中轴线的保护范围，将传统中轴线两侧的历史河湖水系、棋盘式道路网骨架和街巷格局、传统四合院民居建筑群，以及传统中轴线两侧平缓开阔的空间形态、城市天际线和重要的街道对景、传统建筑色彩及形态特征等，均纳入北京传统中轴线的保护内容。

其次，建议组织专业力量，对中轴线沿线文化遗产资源进行全面调查，深入研究和阐释传统中轴线的文化价值，制定北京传统中轴线文化遗产保护专项规划，并将其纳入北京核心功能区规划统筹考虑实施。按照保护专项规划开展相关文物保护修缮和环境整治工作，对长期占用文物建筑、管理混乱的使用单位，加大搬迁腾退力度，切实改善北京传统中轴线文化遗产保护状况和景观风貌。建议将北京传统中轴线申报纳入《中国世界文化遗产预备名单》，在深入开展相关研究、做好文化遗产保护和环境整治工作的基础上，及早启动北京传统中轴线申报世界文化遗产工作。

2011 年 6 月，北京市开始启动中轴线申遗文物保护工程，首次提出"应特别保护和规划好首都文化血脉的中轴线，并力争为其申报世界文化遗产"，明确保护北京中轴线需要"三个恢复"：恢复中轴线文物建筑的完整性，恢复中轴线的历史景观空间，恢复中轴线的历史环境，并将中轴线申报世界文化遗产正式列入北京市"十二五"时期文物博物馆事业发展规划。经过一年半的筹划与准备，2012 年 11 月，国家文物局正式将北京中轴线列入《中国世界文化遗产预备名单》，标志着北京中轴线作为世界文化遗产的独特价值得到肯定，也"让古老中轴线焕发新光彩成为一道必答题"。至此，申报世界遗产的各项工作开始步入轨道。

北京市组织编制了《北京中轴线申报世界遗产名录文本》《北京中轴线保护管理规划》，完成了《北京中轴线申遗综合整治规划实施计划》。之后，又编制了《北京中轴线风貌管控城市设计导则》，分为缓冲区整体、重点地区、中轴沿线道路、中轴重要节点 4 个层次，分别提出了针对中轴线周边较大范围内整体城市环境管控的通则、针对中轴线遗产点周边重点风貌管控的导则、针对中轴线沿线街道风貌管控的城市设计引导，以及中轴线上重要历史节点的城市设计与文化展示的城市设计方案。

在作为世界文化遗产预备项目的契机下，社会各界对北京中轴线遗产保护的重视提升到新的高度。2018 年 10 月，"北京中轴线申遗保护国际学术研讨会"成功举办。国际知名遗产专家、国内遗产地代表及国内文物、规划、遗产保护专家共同探讨北京中轴线的价值内涵和遗产类型，听取专家建议，广泛开展中轴线遗产比较研究，重点发掘中轴线南段考古遗迹，丰富文物展示内容。

在全民文化遗产保护意识大幅度提升的情势下，北京重提保护中轴线，并积极申报世界文化遗产，对中轴线文化遗产和环境进行保护，推动道路景观塑造、历史水系恢复、天际轮廓控制、街区风貌提升等工作，正逢其时。我们对于北京中轴线申报世界文化遗产充满信心，一方面，申报过程可以实现文化资源的深入挖掘和历史建筑的维修保护，带动周边历史街区保护和环境整治与更新，促进北京老城整体格局的维护。另一方面，比申报结果更重要的是，通过中轴线申报世界文化遗产，我们能够满怀自豪地向世界展示这独一无二的伟大的城市建筑杰作，使北京中轴线得到可持续的保护。

北京中轴线的遗产区和缓冲区是北京老城的精华集中区，包括故宫、天坛和京杭大运河 3 项世界文化遗产；456 处不可移动文物，其中国家级文物保护单位 72 处、市级文物保护单位 98 处、区级文物保护单位 86 处、尚未核定公布为文物保护单位的不可移动文物 200

故宫近景

处；另有优秀近现代建筑 18 处、历史文化街区约 26 片和风貌协调区 4 片。遗产区面积 5.6 平方千米，缓冲区面积 45.3 平方千米；遗产区与缓冲区总面积达到 50.9 平方千米，覆盖北京老城面积的 65.4%。

北京中轴线是一座文化遗产宝库，因此中轴线遗产保护和申报世界遗产必然是复杂的系统实践过程。内容包括以世界文化遗产标准推动北京中轴线遗产区域保护、整治和综合提升，加强核心遗产点的腾退整治工作，加强中轴线界面控制区街道整治和建筑界面修补，加强外围风貌缓冲区整体空间格局、城市风貌的管控；以及加强对中轴线遗产区域各项新建、改建建筑的设计引导，加强对沿线历史文化街区保护更新的指导和公共空间整体塑造。

真实完整：世界遗产必须具备的基本特质

北京中轴线申报世界遗产不仅是对中国传统文化的展示，更是对当代中国文化、人民生活、城市建设、文化发展的展示。对世界遗产而言，需要三个方面的支撑，即具有突出普遍价值，符合真实性、完整性的标准，以及有良好的保护、管理状况。从保护状况的角度而言，中轴线保护范围及缓冲区内可能的建设项目都需要进行研究、分析和控制。同时，地安门到钟鼓楼之间的区域如何进行环境整治等问题，都是北京中轴线申报世界文化遗产需要解决的问题。真实性和完整性是作为世界遗产必须具备的基本特质。

真实性既意味着遗产构成要素本身所具有的真实性，也意味着遗产构成所表述的价值的真实性。根据《实施世界遗产公约的操作指南》，真实性包括"形式与设计""材料与物质""用途与功能""传统与技术""地点与背景""精神与感情及其他内在或外在因素"等要素。对北京中轴线而言，文化遗产构成要素整体上反映了其所代表的特定时代的基本特征，相对于它体现的遗产价值具有真实性。

北京中轴线本身经过了自元大都建立，明清两代的发展，以及中华民国与中华人民共和国时期的建设，使中轴线具有了各个时代的特征，从任何一个单一的历史时代对中轴线真实性进行阐释都会遇到很大困难。只有把北京中轴线看作一个全历史过程的对象进行分析，才能真正清晰地阐释中轴线的价值；只有把中轴线的变迁放到整个历史过程当中去进行分析，才能充分说明中轴线的历史真实性。

完整性包括三个方面的内容：遗产构成要素是否能够完整地反映遗产的价值；遗产地的区划是否能够涵盖所有体现遗产价值的构成要素；遗产范围是否足以保证遗产的安全。北京中轴线具有空间层面的完整性，全长 7.8 千米的线性城市区域，遗产申报区和缓冲区是位于北京老城核心且保存最完整的区域。北京中轴线南北向穿越整个北京老城区域，节奏鲜明，延绵不断，有足够的尺度展示北京老城严谨对称的空间格局和丰富壮美的空间秩序，中轴线本身的文化价值也能在这片区域之内得到完整的体现。

北京中轴线具有时间层面的完整性，其规划和演化从元代至今有几百年的历史，在不同时代北京中轴线都被视为北京城市规划和城市格局中最重要的组成部分，被充分重视和尊重，在时间上占据足够长的过程来展示其变化。联系到我国社会不同时代重要的历史事件，延续至今的北京中轴线完整地体现出对北京城格局形成与发展的持续影响，以及中轴线的重要象征意义，反映出"以中为尊"这一传统价值观的延续过程。

作为中轴线整体保护思路，一是应坚持以南北中轴线作为最重要的城市发展主轴，延续中轴线在城市功能、景观与文化展示方面的核心地位。二是应保护中轴线重要节点序列的完整性，包括节点数量、位置和空间形态。对于目前风貌不完整的节点空间应整治完善。三是应保护中轴线整体的真实性和完整性，不但包括中轴线本体的方向性、对称性和延续性，还需要保护构成中轴线整体秩序的其他城市要素，如轴线界面、轴线对称的建筑群、以平房四合院为主的城市背景

"中轴线的故事"展板（周高亮摄）

等，形成完整的中轴线遗产保护体系。四是应严格保护和原貌修缮中轴线遗产点，禁止任何形式的拆除和改建。各遗产点按照各级政府公布的不可移动文物级别，根据相关的法律法规要求进行保护与管理。严格保障遗产点自身的真实性、完整性不受破坏。

同时，应保证中轴线周边地区整体风貌与中轴线遗产相协调，周边地区空间形态应能够有效衬托中轴线建筑的标志性，严格把控建设控制地带及外围风貌缓冲区内的城市尺度、城市景观、建筑秩序、道路走向、胡同肌理、视廊对景和建筑色彩，对影响景观的建筑进行改造或拆除，对周边地区建设进行控制。随着中轴线周边地区考古进展，一旦有新的遗存发现，应及时更新保护区划具体范围。加强对遗产点的展示，突出城市空间、建筑秩序与北京中轴线的关系。控制遗产展示功能和城市交通功能给中轴线个别遗产点带来的过大压力，妥善处理遗产保护和文化展示之间的关系。

北京中轴线申报世界遗产，从国家的文化发展战略的角度来说，是一项具有重要意义的工作。这种意义在于向世界展示中国传统文化的独特性，在于展示中国文明发展的成就，促进中国传统文化在世界和平发展中发挥更大的作用。北京中轴线申报世界遗产不仅使世界能够了解、认识中国古代文明在城市建设上的成就，更重要的是，使国际社会了解认识当代中国，认识当代中国文化及这种文化相对于传统文化的发展和继承。

确定：北京中轴线的遗产构成要素

城市中轴线在城市规划或建筑学领域中是一个十分清晰的概念，是指由建筑、道路、广场等形成的一个连续的线性空间，影响或决定着城市中其他部分的格局。中轴线申报世界遗产对于北京老城保护，城市历史、文化特征的表述，文化身份的确认均具有重要的意义。对于北京中轴线而言，作为申报世界文化遗产的项目，需要确定遗产构成要素，确定中轴线构成的建筑、街道、广场等空间边界，并确定时间的起止范围。其中，在北京中轴线的遗产构成要素的选择上，早期根据北京中轴线申报世界文化遗产的文本编制机构介绍，对中轴线的价值阐述存在几种可能性。

在北京中轴线的遗产构成要素方面，被认为可操作性较强的选择是把申报世界文化遗产的范围限制在"北京明清中轴线建筑群"，即从南向北包括正阳门、社稷坛、太庙、天安门、端门、故宫、景山、万宁桥、鼓楼、钟楼。时间范围限定在明、清两代。这一文化遗产构成要素的选择，突出了北京中轴线在中国封建社会最后阶段的城市规划建设中反映出的高度成熟、完整的礼制思想。由于这一文化遗产构成要素的范围最小，可以保证在所谓"真实性"分析方面的可操作性，但是难以充分表现北京中轴线在整个北京建设发展中的作用和影响，在对中轴线文化遗产的"完整性"阐释方面存在不足。

在北京中轴线的遗产构成要素方面，范围较大的选择包括永定门、天桥大街、天坛、先农坛、前门大街、正阳门、毛主席纪念堂、人民英雄纪念碑、人民大会堂、国家博物馆、社稷坛、太庙、天安门、端门、故宫、景山、六海水系、万宁桥、什刹海历史街区、南锣鼓巷历史街区、钟楼、鼓楼，以及钟鼓楼周围一定范围的历史街区。这一选择方案的时间范围起止点可以从元代一直延伸到当代，能够充分强调北京中轴线对北京城市发展的持续影响。它不仅突出了北京中轴线作为历史遗产的价值，也强调了北京中轴线对北京当代发展的价值和影响，表达了当代北京的发展和文化特征。

这一方案可以通过天坛、先农坛突出中轴线南部的传统皇家祭祀及其反映的中国传统主流信仰的文化内涵。通过什刹海、南锣鼓巷和

中轴线的景色（新华社图）

钟鼓楼周围历史街区，突出中轴线北部的市井文化，与中轴线核心位置的故宫等皇家建筑所表现的古代国家统治中心、以天安门广场为核心的当代国家政治文化中心的功能相结合，完整地表现《周礼·考工记》阐述的、并影响至今的中国传统城市规划思想；纳入六海水系，可以清楚地表述北京中轴线在确定过程中对自然环境因素的考虑，能够表述元朝在都城规划中对中国传统城市规划思想和民族习惯的兼容并蓄，可以表达北京中轴线与六海水系结合形成的独特的城市核心区的景观特征。

这一方案涵盖了北京老城现存最为完整的部分，有利于实现对北京的整体保护，也有利于对北京中轴线"完整性"的阐释。但是，这一文化遗产构成要素选择方案的难度，在于从"真实性"的角度对一些复建或改造的节点和区域的解释，如重建的永定门城楼、改造后的前门大街等，都可能在"真实性"方面引起一定的争议。同时，由于涉及人民英雄纪念碑、毛主席纪念堂、人民大会堂、国家博物馆等重要的政治、文化建筑，以及六海水系、历史街区等，使管理、监测等问题变得更为复杂，存在一定的困难。

还有介于两者之间的遗产构成要素的选择方案，即包括永定门、天坛、先农坛、天桥大街、前门大街、正阳门、天安门广场、社稷坛、太庙、天安门、端门、故宫、景山、万宁桥、鼓楼和钟楼。这一选择是一个折中的方案，也在一定程度上兼具了前两种可能的选择方案的优点和缺点。这一方案可以突出北京中轴线对北京城市发展的持续影响，可以反映礼制观念在中国文化中的继承和发展。这一方案尽管在管理的角度相对简单，却也存在着对复建项目永定门城楼、改造项目前门大街的真实性问题阐述的困难，也没有充分体现出北京中轴线承载的中国文化丰富、多样的表达方式。

永定门

2022 年 11 月，北京老城的中轴线遗产"全景图"最新公开。其中，遗产区包含 15 处遗产构成要素，总面积约 5.9 平方千米；缓冲区与中轴线形成和发展联系紧密，总面积约 45.4 平方千米。北京市文物局也发布了《北京中轴线保护管理规划（2022 年—2035 年）》。依据规划，这 15 处建筑及遗存是中轴线遗产构成要素：全长 7.8 千米的北京中轴线北端为钟鼓楼，向南经过万宁桥、景山、故宫、端门、天安门、外金水桥、天安门广场及建筑群、正阳门、中轴线南段道路遗存，至南端永定门；太庙和社稷坛、天坛和先农坛东西对称布局于两侧。

符合:《实施世界遗产公约的操作指南》标准

根据世界遗产委员会通过的《实施世界遗产公约的操作指南》,被列入世界遗产名录的项目必须至少符合《实施世界遗产公约的操作指南》所列出的十条标准中的一条。在这十条标准中,前六条与文化遗产相关。标准一,反映人类创造才能的杰作。标准二,某一时间跨度或世界某一文化区域内,在建筑、技术、纪念物艺术、城镇规划和景观设计方面展示了人类价值观之间的重要交流。标准三,独特地或杰出地见证了一种文化传统、一种已经消失或依然存在的文明。标准四,人类历史上某一个或几个重要阶段某种建筑类型、建筑体系、技术体系或景观方面的杰出范例。标准五,是人类聚落、土地利用或海洋利用方式的杰出典范,代表一种或多种文化,或人类与环境的互动,尤其是当这种文化或环境在不可逆的变化影响下变得十分脆弱的时候。标准六,与具有特殊普遍意义的事件或现行传统、思想、信仰、文学艺术作品有直接或实质的联系。

根据北京中轴线申报世界文化遗产的文本编制机构研究分析,至少可以认为北京中轴线的价值符合其中的标准一、标准三、标准四和标准六。

关于标准一,"北京中轴线及其周边地区经过系统周密的城市规划设计及近八个世纪的不断演化而成,是以历史遗存的皇家宫殿、皇家园林及当代重要公共建筑及城市广场为核心,由一系列皇家坛庙、民居街坊、自然园林、历史街道、水利工程、防御工程及重要的标志建筑和城市景观，遵循特定的布局原则组合而成的统一空间整体。作为北京老城严谨对称空间格局的核心，北京中轴线及其周边地区是中国古代和当代都市计划的无比杰作。它的规划和进化过程体现出中国人民将科学、美学及古代哲学思想应用于城市设计的创造，以及通过城市规划建立社会秩序、规范社会生活的方法，反映了人类在城市规划建设上的杰出才能"。

这种人类创造才能的杰作，在北京中轴线上表现在它是整个北京城市规划的严谨对称的空间格局的核心所在，在世界城市建设史上独树一帜；表现在北京中轴线及其周边地区是中国传统和当代建筑艺术的集中体现，这些建筑反映了中国建筑在特定时期的最高成就；表现在北京中轴线及其周边地区形成的中国特有的传统城市景观，如长达 7.8 千米轴线上的空间格局，城市轮廓线，不同建筑构成的强烈色彩对比。

关于标准三，"北京中轴线及其周边地区有序分布着宫殿、官署、坛庙、府邸、民居、城门等重要建筑物，构筑了丰富、壮丽的城市空间序列，具有深厚的象征意义；从空间布局到建筑形制再到建筑色彩，大处严整有序，小处变化万千，成为中国文明中礼制文化、皇家文化、民俗文化和风水文化的独特见证。它既是已经消失的中国古代社会生活方式的最后见证，又是仍然存在的中国传统文化和价值观的活的载体"。

作为文化传统或者文明的见证，北京城反映了中国传统文化中的核心要素——礼制文化的内容，体现了中国传统的"以中为尊"的思想。北京中轴线包括的祭祀、皇家统治与生活、市井文化等不同空间范围内的北京社会生活，展现了完整的中国传统社会的生活图景，构成了对中华传统文化的最完整的体现。北京中轴线位置的选择，包括中轴线的规划方法也反映了我国传统的宇宙观，明代对中轴线的调整更反映了我国传统文化中堪舆、风水的影响。北京中轴线毫无疑问可以作为中华传统文化的见证。

关于标准四，"北京中轴线及其周边地区的宫殿坛庙、园林景观、街巷里坊、防御工程和水系工程，严格遵循《周礼·考工记》所记载中国古代城市规划思想布局建设，是中国封建社会都城建设，经过数千年演变发展成熟的典型范式，代表着明清时期中国封建都城建设的最高成就，是中国古代都城保存最完整的典型实例"。由于我国传统的宇宙观和审美趣味，对称和均衡是中国传统政治、伦理和美学观念中最为重要的内容。城市规划对于中国古人是关乎朝代兴废大事，对称和均衡更是城市规划中需要遵守的基本规则。北京中轴线是这种源于《周礼·考工记》的规划思想的最高成就和最完整的体现。

关于标准六，北京中轴线在元代初步建设，之后经过各个时期历史变迁，真实记录了北京作为中国首都的演变进程，乃至中国朝代更迭和社会变革。北京中轴线的变迁见证了中国数千年封建王朝的解体和中华人民共和国的成立，这一历史事件对于世界各国民众争取独立自由和建立民主制度具有普遍的参考意义。

北京中轴线的建设发展与中国历史上几个重大事件密切相关，元大都的建立代表了大元帝国的兴起，大元帝国的兴衰深刻地影响了欧亚大陆格局的变化。正阳门的变迁，记载了中国封建时代最后一个朝代的衰落。天安门广场见证了中华人民共和国的建立，这些事件不仅对中华文明自身的发展产生了深刻的影响，而且也在很大程度上对世界文明的发展产生了影响。

　　除了这四条标准之外，北京中轴线也在一定程度上符合标准二和标准五。关于标准二，可以从元代几个都城营建的比较来说明蒙、汉文化之间的交流和融合。关于标准五，可以通过中轴线选址与六海水系的关系来说明北京城市建设与自然环境、土地利用之间的关系。根据这样的分析可以看到北京中轴线对世界遗产中主要涉及文化遗产的六条标准都有一定的符合度。从这一角度，北京中轴线的申报世界遗产具有现实性和可能性。

　　北京市从 2011 年启动中轴线申遗工作，近年进入"快车道"，2023 年 1 月，"北京中轴线"申遗文本已经正式提交至联合国教科文组织世界遗产中心。

古往今来，北京中轴线始终处于驾驭全城的至尊地位，众多重要建筑、广场和道路、河湖水系等，或有序安排于中轴线之上，或对称布置于中轴线之侧，形成空间的韵律与高潮。北京城的河湖水系，历尽铅华，与北京城的"脊梁"中轴线，相依相伴，互相辉映。一座城，有了水，才有了灵动，有了想象，有了故事，有了铅华。

历史上，北京曾是河湖纵横、清泉四溢、稻花飘香、禽鸟翔集的一座美丽城市。依水而建，依水而兴。3000多年来，北京历代王朝建造的众多水利工程，奠定了今天北京市区河湖水系的基本格局，也明确了它们在功能上的划分：护城河水系、古代水源河道、漕运河道、防洪河道等。北京城，这个文化底蕴浓厚的古都一直与水有着不解之缘：积水潭演绎了"舳舻蔽水"的壮丽景观，通惠河畔萦绕着纤夫牵挽的号子，高粱桥边回响着诗人骚客的吟唱，长河两岸留下了无数踏青者的萍踪履印……水，哺育了世世代代的北京人，也形成了独属于北京水脉的故事与文化。

水的蓝色，或许永远是一座城市最醒目的底色。环抱京城的水韵，曾经滋养了这座城市千百年，见证了这座城市格局的发展与变迁。不久的将来，它们会重新回到人们的视野中，被赋予新的使命，与现代城市融合共生，在得到保护与恢复的重要历史水系中，形成"六海映日月，八水绕京华"的宜人景观，为人们提供历史感与文化魅力的滨水开敞空间，让古今水脉与自然生态永续利用，让水畔新生在老城整体保护与复兴中未来可期。

水畔新生的历史印迹

润泽古都的水系探源

清代吴长元所著的《宸垣识略》中这样描述北京城的地理位置："冀都山脉从云中发来，前则黄河环绕，泰山耸左为龙，华山耸右为虎。嵩为前案，淮南诸山为第二重案，江南五岭诸山为第三重案。"

《宸垣识略》

此书中作者采用了中国传统风水理论的概念，以一种超宏观的"国家尺度"来描述北京城在中华大地中所处的地理位置。综观北京地形，依山襟海，形势雄伟。诚如古人所言："幽州之地，左环沧海，右拥太行，北枕居庸，南襟河济，诚天府之国。"这一风水宝地中蕴含着丰富的水资源，与历代宫廷建筑、城市格局紧密结合，相互呼应，一方面赋予了城市魅力和灵动，另一方面也起到交通、漕运、防灾等功能。

历史上北京水系的发展

历史上的北京，并不是一座缺水型城市，而是一座因水而兴、依水发展的城市。这座城市曾经历的两次大规模城址战略转移，都与水有着密不可分的关系。3000多年前，西周的燕都选址在今天永定河的西岸，依靠的是永定河，逐水而居，择水建城。此后，隋唐的蓟城转移到了今天永定河的东北岸。后来因水患严重，辽南京城、金中都城，迁移到了今天广安门一带。北京城的河湖水系始建于金代，金中都将赖以生存的主要水源莲花池圈入城内，使当时的金中都城呈现水乡异彩。此后，经元、明、清的精心经营而逐渐完整。

北京的河流以永定河为最大，被称为北京的"母亲河"。永定河越过燕山山脉以后，便进入华北平原，不过由于河道中的泥沙较多，常常沉积于河底，造成河道的移动，也因此河患比较多。清代康熙皇帝赐名永定河，寓意"永远安定，国泰民安"。永定河最早时的走向如下：自三家店出山以后，沿老山、八宝山转向东北，沿清河东流，与温榆河汇合，再与潮白河合而为一。后来永定河向东南移动，经田村、高梁河，由德胜门进入积水潭，转向南流，经积水潭、北海、中海一线，又转向东南流经石碑胡同、长巷三条，至龙潭湖，在贾家花园出城，与

北海风光

潮白河汇合。

　　上述永定河的走向，是经过漫长的地质时期逐渐形成的，一直持续到汉代。汉代以后继续南移，最后移动到现在的位置。不过汉代以前的旧河道并没有完全消失，只是水量在不断减少。在北京城区的旧河道，已经大部分被水泥板所覆盖，变成了地下的暗河。现在的什刹海、北海、中海等处原是地势最为低洼的地方，故而形成了沼泽，后人筑堤加以防洪，有了"三海"之称。

　　北京水系的发展建设过程，是以漕运供水为先导，同时解决城市生活用水、美化皇家环境官苑用水而兴建的水利工程。对于其中"漕运"这个概念，侯仁之先生曾经在《古代北京运河的开凿和衰落》一文中有清晰的介绍。首先，在封建社会，首都运河的主要任务就是要把粮食运到都城，用以供应封建帝王及其庞大的官僚统治机构使用，以及维持城市居民的生活，这就叫漕运。其次，才是各种货物的运输，主要也是供给都城的消费。

10世纪初叶以后，北京逐步发展成为一个全国性的政治中心。最初是辽太宗会同元年（938）在这里建立陪都，即南京城，但是并没有把南京城作为真正的统治中心。到了公元1153年，金代海陵王完颜亮才真正在这里建都，改称中都城。金代以中都城作为华北漕运中心，将各地粮饷运到通州。而通州至中都城约25千米，先后开凿过漕渠、金口河及闸河，但皆因水源缺乏和管理不善等原因，导致当时的运河并不通畅。

作为一条人工漕运水道——通惠河玉河，其诞生的原因，侯仁之先生也做了详细的解释。金代在中国的统治虽然只限于淮河、秦岭以北的部分地区，但是还是想尽办法把华北大平原北部的粮食，经由今卫河、滏阳、子牙、大清诸河汇集到当时的海滨，然后再溯潮白河，逆流而上，输送到通州。每年漕粮的数字少则数十万石，多则百余万石，不经由水运，实在很难完成。沿途漕河都是利用天然河道，只是通州西至中都，约25千米，不得不开凿人工运河。

据侯仁之先生所论述，因为水源的问题，这条人工运河工程在金代并没有能够完成，原因是北京城中心比通州海拔高出约20米，水不能从低向高流动，所以位于城东潮白河的水不能西引。北京永定河的水虽然可以引导，但是永定河多年来水患严重，由于当时工程技术的限制，引到城里容易导致水灾。一直到元代统一中国，定都北京，通水运之事才又被提上日程。

蒙古太祖十年（1215），金中都城被攻破，皇城宫阙也被兵火所毁。半个世纪以后，元世祖忽必烈灭了南宋，其统治范围远远超过了金代，版图空前辽阔，于是决定从蒙古高原迁都到燕京。但是，他放弃了当时的金中都旧城，在中都城东北郊外，另建新的都城，即大都城。这也是中国历史上第一次将政治中心迁到华北地区。元大都之所以选址北京，是因为"幽燕之地，龙盘虎踞，形势雄伟，南控江淮，北连朔漠"，符合"天子必居中以受四方朝觐"的帝王理念，有志之士"欲经营天下，驻跸之所，非燕不可"。由此，北京的地理位置，随着中国大统一的发展，在13世纪日益凸显出重要性。

元大都城的建设，说明北京城市水源已经从莲花池的下游转移到高梁河水系上来。这一转移，使城市发展获得了更为良好的条件。早在12世纪后半叶，金朝的统治者已经利用高梁河水灌注的一片湖泊作为中心，建造了一座大宁离宫。于是忽必烈就选择了以大宁离宫作为中心，建造一座崭新的大都城。大宁离宫中的这片湖泊，经过进一步的维护，获得了"太液池"的名称。早在金朝初年，今日万寿山山麓的流泉，兼有玉泉山诸泉下游的一支，就已经被导入高梁河的上游水源，流入闸河。从元大都城初建时起，玉泉山诸泉之水就经过专辟的渠道，从和义门南水门引入城中，流经宫苑，注入太液池，其下游绕出宫禁前方与运河相会，名曰"金水河"。

忽必烈移都北京建立元大都城后，城里人口一下子激增到40万～50万人，人们的生活面临着缺水的危机。同时，元大都城对于漕粮的依赖，已数倍于昔日的金中都城，必须仰仗经济发达的南方各省。《元史·食货志》记载："元都于燕，去江南极远，而百思庶府之繁，卫士编民之众，无不仰给于江南。"南北交通和漕运问题，也成为国家头等重要的事情。于是，元朝不但积极开辟南北大运河，而且还大力发展海运。无论河运或海运的漕粮都是先到通州，再转输京师。

水源是城市存在的基础。元代初年内陆运河从南方到北方，要沿隋代的"南北大运河"向西行很远，而且最后进入大都城一段，只有坝河可以运输一小部分物资，其他主要靠陆上运输，花费巨大。这样就迫切需要对南北大运河进行改造，使之成为一条南北直达的运河。实现南北直达有两个难点：一是要裁弯取直，不再绕行卫水上游而开通山东运河；二是开凿通州至大都城的运河，使漕船能够驶入大都城内的粮仓。

为了解决大都城的水源和漕运，精通天文历法和水利工程的郭守敬精心设计并主持实施了大都城的水利工程。在大都城未建之前，当时郭守敬就曾建议引用玉泉山水以通漕运。但是这个计划未得实现，因为5年以后新建大都城，玉泉山水已经专为官苑所用。在水源未得到解决之前，从通州到大都城的漕粮只好陆运，但是劳费甚大。因此，要想引水济漕，还必须另寻水源。北京地区修建引水工程有两大困难：一是水源问题，二是河道坡降问

郭守敬像

题。郭守敬通过对北京地区水资源及地形进行详细调查，经过将近 4 年的找寻，终于获得成功。

　　元至元二十八年（1291），郭守敬终于在北京昌平找到了一个泉眼，叫白浮泉。他第二次提出建议："自昌平县白浮村开导神山泉，西南转，循山麓，与一亩泉、榆河、玉泉诸水合，自西水门入都，经积水潭为停渊，南出文明门，东过通州至高丽庄入白河。"① 即 "别引北山白浮泉水，西折而南，经瓮山泊，自西水门入城，环汇于积水潭，复东折而南，出南水门，合入旧运粮河，每十里置一闸，比至通州，凡为闸七。距闸里许，上重置斗门，互为提阏，以过舟止水"。这段话不但说明了引水的来源和经过的路线，说明了建立水闸和设立斗门的作用，而且非常明确地勾勒出了整个京城漕运水系的来龙去脉。

　　郭守敬这次建议不但得以实现，而且收获了前所未有的效果。至元二十九年（1292），郭守敬调集万人，开河道，挖淤泥，挖出了一条从西到东的漕运水路，粮船可从通州以南高丽庄，经闸河径入大都城，一直停泊在积水潭。在郭守敬的引水计划中，充分掌握了北京小平原的地形变化，因此并没有把昌平白浮泉的水，自西北向东南，沿一条直线引向大都城。相反，却首先把水引而向西，然后再沿西山山麓南转，经由瓮山泊（颐和园昆明湖的前身）注入大都城，山麓诸泉及南北沙河的上源，都被截流南下。

---

① 此句中的昌平县即现在北京的昌平区。

郭守敬所采取的引水路线，之所以向西绕行这么一个大圈，完全是为了利用天然地形的坡度，因为白浮泉的海拔约 60 米左右，仅仅高出大都城平均海拔 10 余米，如果由白浮泉采取直线引水向东南入大都城，期间所经沙河与清河河谷的高度还都不足 40 米，也就是说还在大都城的平均海拔以下。因此，白浮泉水一旦引入沙河或清河，势必顺流东下，不可能再引入大都。而郭守敬所采取的引水路线，却正好保持了渠道坡度在海拔 50 米以上的山麓地带逐渐下降的趋势，一直到入城之前，这才开始下降到海拔 50 米以下。

　　元朝统治者驱使全北京城的老百姓出工出力，第二年，河道就得以建成。大都城水利工程成功实现了引白浮泉、瓮山泊之泉水，经高梁河，入和义门水关，注入积水潭，使积水潭水量大增，经万宁桥向东南方向，经皇城东侧向东南方向出城，直通张家湾与南北大运河沟通，漕运船队可以从通州以南高丽庄经闸河直达大都城内，停泊在积

舳舻蔽水

水潭，使积水潭成为元代漕运终点，成为当时元大都最繁华的商贸中心。《元史·郭守敬传》中曾对积水潭有"舳舻蔽水"的描写，可见往来商船、粮船之多。《燕京杂咏》中描述，开通漕运河道以后，积水潭周边及钟楼、鼓楼一带，商贸发达，万商云集，使通惠河及积水潭里"粮船万千"，场面十分壮观。

这一重大水利工程，宣示了京杭大运河的全线贯通，带来了元代经济文化的繁荣与发展，也实现了五方面的目标：一是借势采水，增加白浮泉、玉泉山诸泉为新水源，修建由昌平白浮泉至大都城的跨流域引水工程。二是修建瓮山泊及积水潭调蓄水库，最大限度节蓄水源。在合理分配大都城用水的同时，保证运河供水。三是通过缩减运河断面，增设闸坝建筑物，实现人工控制水流，使之充分为行船服务。四是选择最佳运河路线，缩短航程，合理与北运河衔接。五是制定严格的管理制度，以保证漕运畅通。自此，江南漕船可以从北运河直接驶入大都城内积水潭。

纵观元代，通惠河是由两个湖泊串联三段河道组成。两个湖泊即瓮山泊和积水潭；三段河道从上游起依次是白浮瓮山河、长河、通惠河。其中，长河大约开凿于辽代，元代也称为高粱河，是连接两个湖泊的水道，利用原有河道加以疏浚，成为水系中十分重要的河段，也是城区通往瓮山泊的黄金水道。元代开通通惠河，并且在通航水道上修建24座闸，实现"节水行舟"，可以使船只直接驶入大都城内。在所建的24座闸中，有6座在积水潭上游，即在长河上，用以控制水流。另外，长河上还有麦钟桥、长春桥等著名桥梁。

当年，元朝政府建造了 8000 多艘运河槽船，每天川流不息地把来自江南的漕粮运到大都城积水潭码头。古人常用"舳舻蔽水"来形容积水潭港元代时的盛景。据史书记载，至元三十年（1293），漕运通航，此时正值元世祖忽必烈返回大都，过积水潭，见舳舻蔽水，大悦，赐名"通惠"。"通惠河"之名由此始称，并一直沿用至今。自此，京杭大运河上从南方运来的稻米、布匹、绸缎、茶叶、水果、日用货物等都可以直抵积水潭内，丰富了京城百姓的生活，而建设紫禁城的金砖、楠木等也大都是通过大运河运到京城。联想当年浩浩荡荡的漕船队伍在大都城内驶过的情景，必定十分壮观。

这条在元代被命名为"通惠河"的宽 30 多米的闸河，由白浮泉自积水潭向东南，流经澄清闸、万宁桥、东不压桥、北河沿、南河沿出皇城，过北玉河桥，沿台基厂二条、船板胡同、泡子河入通惠河。那时，作为漕运入京城的重要一段，也是京杭大运河北京段，通惠河两边并未居住太多的达官贵人，多是普通百姓和商户。虽为皇家输送物资的渠道，通惠河两岸的景色却与皇城内的威严肃穆完全不同。这条人工开凿的运河带着浓郁的平民气息，清冽的河水滋养了两岸的市井文明。在通惠河开通的同时，元大都城也正式建成。作为京杭大运河的重要一部分，漕运的粮食基本都通过这条运河运入大都城，这是通惠河最繁荣的一段时间。

1368 年，朱元璋带兵入元大都，元朝灭亡。朱元璋建立明朝，定都应天（今南京），大都改为北平（今北京）。燕王朱棣受封驻守北平。朱棣登上皇位以后，把皇都迁到了北平，把北平改为北京。明朝初年，京杭大运河北部已经停止漕运，首先要让京杭大运河恢复通航。朝廷曾经派人到昌平考察情况：从白浮泉引水的渠道年久失修，早已断流；土筑的河堤及荆笆编制的水口工程因失于治理而荒废殆尽；积水潭也由于陈积淤泥，原有水面日渐缩小。

明永乐十五年（1417），朝廷决定重新治理通惠河。永乐十七年（1419）建北京内城，为了便于防守，北城墙向南迁至德胜门和安定门东西一线。改筑北城墙后，原在大都南面的文明、惠和二闸被包入城内，积水潭西北角的水域被切割在城墙外，形成后来的太平湖。后来，城内的大湖由于上游水源的减少，又考虑德胜门内的交通，中间建了德胜门桥将湖面再分开，桥西边的湖泊仍称积水潭，桥东边的湖泊称作什刹海、后海（详见本书下篇《什刹海的旧貌新颜》）。

北京成为首都必然伴随重修皇城，但是皇城的改建，对整个北京城水道的影响巨大。朱棣建都之前，曾经大兴土木，把元朝的皇城向东、西、南三面，各自开拓了一些距离。通惠河从澄清闸至东便门一段，由于开始是从皇城外边流过，又有玉（御）河之名。宣德七年（1432），以东安门外缘河居民靠近宫墙、喧嚣之声响彻大内为由，将皇城的东墙、北墙向外推移，改筑于河东，把原来绕经皇城东北及正东一面的玉河河道，完全包入皇城之中，从此什刹海以下城内河道再也不是京杭大运河漕运线路的一段，变成了为皇家服务，用于输送物资、排泄暴雨、扑灭火灾、供给水源的皇城内河。粮船再也不能通过这段河道进入积水潭。

明嘉靖初年，为运输修建北京宫殿的超大木材，再次大规模治理通惠河。嘉靖六年（1527）确定了筑新坝、修旧闸、浚河道，实行分5段搬运的方案。工程于次年完成，漕运也获得成功。通过这次重修后，通惠河漕运格局已成定式，至清代不变，驳运与陆运并行。恢复京杭大运河的通航，最困难的河段是山东会通河和北京通惠河。元代会通河因水源困难一年只能承担30万石的漕运任务，大部分要靠海运。

《大运河漂来紫禁城》

明代修建了戴村坝，基本解决了会通河水源问题以后，才充分发挥了京杭大运河的作用。

我曾出版了一本书《大运河漂来紫禁城》，主要讲述了通过京杭大运河将明清皇宫营建，以及日常运营所需建筑材料和生活物品，源源不断运来京城的历史。中国古代建筑多以木结构建筑为主，因此北京皇宫在营建过程中对于木材的需求量浩大。这些木材多从四川、湖南、山西、云南等地采伐运输而来，即所谓"皇木采办"。南方大木采伐完毕后，经由水路向北运输。北京皇宫营建所需城砖也耗费巨大，砖石一般在山东临清及江苏苏州等地烧造，均由粮船搭载进京。

从金代开始，元、明、清三代兴修的众多治水工程，奠定了今日京城水系的基本格局。明清两朝，进一步加强了对京杭大运河的管理，使京杭大运河真正成为南北交通的干线、国家漕运的主要通道。元代起，北京修建了许多粮仓，用于储存运河的皇粮，其中通州粮仓达13座。明清时北京城内东部在元代基础上修建的粮仓，至今还有几座比较完整地保留下来，如南新仓；通州的粮仓被陆续拆掉，只有大运西仓仓墙的遗址可见。明隆庆元年（1567），北京城河闸坝工程定下三年一修的制度，一直执行到清末。

由于通惠河水源只有玉泉山一处，清乾隆年间进行了大规模的昆明湖扩湖工程。工程始于乾隆十四年（1749），乾隆十五年（1750）初竣工。这次扩湖工程效果显著。新湖的形成是将原来的堤防移至至今知春亭以东，留下龙王庙孤岛，建十七孔桥相连，南移响水闸于新湖南端绣漪桥下。新湖周岸约15千米，面积是原来的两三倍，扩大了湖水面积和容量，并系统修建了闸、坝、涵洞，保证了运河用水。

昆明湖扩湖工程对北京城市的防洪、灌溉、园林用水等方面发挥了巨大的作用。3年以后，为了增加昆明湖的水源，进行了引导西山泉水至玉泉山的工程。水源有两处："其一出于十方普觉寺旁之水源头；其二出于碧云寺内石泉，皆凿石为槽，以通水道。"据文献记载，清代皇帝和大臣们经常乘船经过长河到昆明湖泛舟。这一时期北京城

颐和园昆明湖与十七孔桥

对京杭大运河的依赖也远超过前代，直到清末海运和铁路的兴起，才停止了京杭大运河的漕运。

探察北京水系的"踪迹"

2021年3月17日，《我是规划师》节目组一行来到了北京市测绘设计研究院。这所测绘机构的院址一直在海淀区羊坊店路，如今搬到南礼士路60号。对于这处地点我非常熟悉，过去30多年间，我曾经三进三出这个院子。一是1984年留学回国以后，入职北京市规划局，来到这个院子从事城市规划和规划管理工作；1989年调任首都规划建设委员会办公室，任规划设计处处长，第一次离开了这个院子。二是1992年任北京市规划局副局长，再次来到这个院子；1994年调任北京市文物局局长，第二次离开了这个院子。三是2000年任北京市规划委员会主任，又一次来到这个院子；2002年调任国家文物局局长，第三次离开了这个院子。

此次来到北京市测绘设计研究院，是来查阅一张与京城水系有关的历史地图。在这里我见到了《中国水利史典》专家委员会副主任蔡蕃研究员，他向我介绍了这里保存的一张早期的《北京地形图》。这是一张2米见方的大地图，根据地图上的地名等信息判断，是一张民国时期的地图。地图上对于水系、水域有清晰的标注，比较全面地还原了历史上北京的水环境，从中可以看到北京水系脉络的历史原貌，

蔡蕃研究员介绍早期的《北京地形图》（周高亮摄）

其中五大水系和北京老城的"六海八水"都有体现。

在这张早期的《北京地形图》上，明确标注的有通惠河玉河从万宁桥至正义路的全线，有通惠河的全线，也有前三门护城河、鱼藻池、太平湖，还有永定河、金沟河、凉水河、凤河、小龙河等水域，南海子水域也存有 7 ~ 8 片，标注为南海三水、南海六水等名称。从一些消逝的水系周边地形也能够看到，曾经的水系流向是如何流淌于北京城市之中的。还有一些现在较少受到关注的水面，都被记录在了这张地形图上。

我们在图纸上探寻"六海八水"的位置、流向及变迁，探讨历史上北京的水系脉络。随着城市发展变迁，京城水系发生了不少变化，通过《北京地形图》对比，今天保留下来的水系河道，"六海"的变化不大，只是北二环路外的太平湖已经消失，其他水面还都在。"八水"的变化较多：1924 年前后玉河改为暗河、1953 年又改为盖板河；20 世纪 60 年代菖蒲河改为暗河；1965 年以后前三门护城河、西护城河、东护城河等陆续改为暗沟。

在《中国水利史典》中提道："3000 多年来，北京历代王朝建造的众多水利工程，奠定了今天北京市区河湖水系的基本格局，也明确了它们在功能上的划分：护城河水系、古代水源河道、漕运河道、防洪河道。"现今，北京老城区内水面、河道并非孤立存在，而是千百年来所形成的四大水系格局，彼此连通、交融。文献资料只是作为研究的理论基础和依据，随着城市的发展变迁，更为精准的信息还是要依靠我们的双脚去实地踏勘丈量。当我们把每一条故道、每一条支流都走过一遍后，在惊叹古代水利专家智慧的同时，也会对当代保护和恢复历史水系更有期待、更有信心！

中华人民共和国成立以来，北京市不断加强水利建设，新建京密引水渠，成为昆明湖最重要、最可靠的水源。1990 年 12 月至 1991 年 3 月，北京市动员 20 万人响应号召，在严冬雪天里参加昆明湖的全面清淤工程。这项工程是 30 年来最大规模的河湖水系治理，扩大了湖面，改善了水质，使古老的水利工程更加绚丽多彩。进入新的世纪，随着历史文化名城保护规划的实施，逐渐恢复了多处历史水系河道，如菖蒲河、玉河北段、三里河南段、西海湿地公园等，它们都是北京水脉纵横的历史见证。

城市规划的倒影

北京城郊河湖水系历史久远，古都北京是以水系为中心不断建设、发展起来的。金、元、明、清历代都是把宫廷建筑、园囿御园、河湖水系融为一体，统筹规划建造。

古水寻迹：玉泉水系

玉泉水系是北京的重要地表水源，包括玉泉诸泉、北长河、南长河、昆明湖、高水湖、养水湖、金河、护城河、内城河湖等河湖水道。20 世纪 70 年代以前，玉泉水系对北京城市的建设与发展、城乡环境的改善，一直发挥着巨大作用。几百年来，在古都历史发展中有着辉煌的功绩。

风光秀丽的玉泉山，系西山东麓的支脉。它六峰连缀，逶迤南北，"土纹隐起，作苍龙鳞，沙痕石隙，随地皆泉"。因为这里的泉流"水清而碧，澄洁似玉"，成为北京近800年来重要的地表水源。玉泉的名称最早出现在《金史》上，玉泉山的水久负盛名。这里正是永定河冲积洪积扇的山前溢出带，地下水间断露出，流泉迂回密布，泉水晶莹如玉，故称玉泉池，山亦因此得名。玉泉山一带泉水很多，有名称者30余处，著名的有8处，无名小泉遍布山麓，难以计数，均系裂隙泉。

玉泉山泉水开发利用很早，金代已有盛名。山前低洼地带受玉泉诸水汇聚已成巨浸。金章宗曾多次游历玉泉山，并建有行宫。金代兴建中都城后，首次将顺天然地势向东流入清河的泉流改向南注入瓮山泊，开凿了瓮山泊南通高梁河上源的引水渠道，把泉水引向东南流入

玉泉山远眺

大宁宫的湖泊，点缀了离宫御苑。元代改建大都城后，又引昌平白浮泉水，汇流瓮山泊流入大都城接济漕运。至此，以玉泉山为源头，以通惠河为结束的玉泉山水系形成，皇城四周的筒子河、城墙周边的护城河及一水相连的内城六海，构成了北京的主要水系。这是北京历代水源最充足的时期。

历史上玉泉诸泉的出水量很大，但是终明一代，白浮泉水断流，仍只依赖玉泉山水汇集瓮山泊，流入北京城。清初经过几十年的经济恢复，到了乾隆初年，才下决心整理西郊水道，开辟新水源，疏浚瓮山泊，增加蓄水量，改称昆明湖。为了扩充昆明湖水源，把西山碧云寺和卧佛寺附近的泉水，经石槽导引，流经玉泉山，汇集昆明湖，引入京城。近800年来，玉泉山泉水是北京唯一持续供水的地表水源。它不仅哺育了京郊大地，也为北京城的起源、发展、繁荣做出过重要贡献。

我国古代，人们常以水之轻重来衡量水质，轻者优，重者劣。据《玉泉山天下第一泉记》中记载，乾隆皇帝为验证玉泉水质，特命内务府官员用银斗称量天下名泉，结果唯玉泉之水最轻，"凡出山下而有洌者，诚无过京师之玉泉"。乾隆皇帝在比较国内多处名泉，并品尝了水轻、质甘、气美的玉泉水后，得出"朕历品各泉，实为天下第一"的结论，并亲笔题写了"天下第一泉"几个字，由工匠刻碑2座立在泉旁。从此，玉泉水被定为清宫专用御水。

乾隆皇帝还在万泉庄地区修建泉宗庙，并对庙外3眼大泉、庙内28眼大泉分别赐予泉名，如大沙泉、小沙泉、沸泉、跃鱼泉等。

他还在一首诗中谈道："泉宗祠建万泉庄，稻町新开百顷强。"整个清代，宫廷饮用的水都是取之于玉泉。当时，给宫廷运水的车都从西直门进出，水车上插着小黄旗，当朝文武大臣遇到了也要让路。不仅如此，用玉泉水灌溉培育出的稻米、水果，也成了皇宫的御用食品，品质上乘。

每到隆冬时节，城郊开始采冰窖存。明清两代，皇宫在太液池采冰，储存于北海陟山门的雪池冰窖。凡玉泉水流经的河湖附近，也都有民间冰窖，如海淀、颐和园、莲花池、德胜门、安定门、东直门、东便门城根、西便门城根、通惠河张家花园等。至今，北京老城还有冰窖口胡同等地名。冬至过后进入"三九""四九"，开始昼夜不停地抢采储运，供夏间使用。《忆京都词》中说："宴客之筵，必有四冰果，以冰拌食，凉沁心脾。"北京城的冰窖，一直延续到20世纪60年代，后来河水被污染了，才逐渐被"机制人造冰"取代。

综上所述可知，在科学技术不发达的时期，古人对北京城水的蓄泄方法颇有研究，将有限泉流截于青龙桥，引水南流，积蓄于昆明湖；在湖周设涵洞，分灌农田，开浚南长河，引水入城，分注内城六海；集水冲河渠，汇于东便门外通惠河，济于漕运，为用至广。充分体现了中华祖先聪明卓绝的才智。玉泉山泉水为北京城的起源、发展、繁荣做出过重要贡献。

进入20世纪50年代，玉泉山泉水逐渐减少。随着北京市区规模扩大，城市建设迅速发展，大范围大量开采地下水，到1975年5月玉泉山水完全断流枯竭。由于泉水干涸，玉泉山水系上源受到严重损毁，高水湖、养水湖早已面目皆非，荡然无存，变成林区；金河破损污残，所剩无几，成了地区排水沟；北长河古迹界湖牌楼残缺不全；一孔闸几乎被填没；玉泉分水闸被拆除；下游河道被截弯取直，砌成筒子河成为农田排水渠。

回顾历史，展望未来，不能不引起我们的深刻反思。历史上玉泉诸水的出水量甚大，在北京园林中占有极其特殊的地位。玉泉山泉水涌流了千百年，到20世纪70年代竟断流枯竭，实在可惜。恢复举世闻名的玉泉山"天下第一泉"及附近水漾塔影的景色，绝非易事。但是，我们要继承发扬祖先在治水中的种种聪明才智，发扬中华民族不惧艰辛的创业精神，在建设现代化首都的同时，努力把北京建成"山水城市"，积极保护、恢复古都水系的风貌。

"三山五园"及其他水系

（1）"三山五园"

"三山五园"是对位于北京西北郊、以清代皇家园林为代表的各个历史时期文化遗产的统称。据权威观点，"三山"指香山、玉泉山、万寿山，"五园"指静宜园、静明园、颐和园、圆明园、畅春园。其中，香山静宜园、玉泉山静明园、万寿山清漪园（颐和园），是山与园重合，而圆明园和畅春园则是平地建园。总面积68.5平方千米，与北京老城面积62.5平方千米相当，还略大一些。《北京城市总体规划（2016年—2035年）》在构建全覆盖、更完善的历史文化名城保护体系中提出"加强老城和'三山五园'地区两大重点区域的整体保护"。把"三山五园"作为北京历史文化名城格局中的一个完整保护对象，这在以往的规划中前所未有。

"三山五园"地区水系丰富，自然生态条件优越，风景秀丽适合休闲。北京西郊的西山，层峦叠嶂，湖泊罗列，泉水充沛，山水形胜，自古就具有江南水乡的自然景观。自辽、金以来，北京西郊即为风景名胜区，行宫别苑多有建设。元代定都北京后，引白浮泉作为北京水源的重要补充。明代对西北地区泉水的倚重日益加重，成为北京的重要水源地。清代时崛起于白山黑水间的满族习惯了游猎生活，对紫禁城内枯燥呆板的生活很不适应，入关后就准备择地筑城避暑。

"三山五园"图

康熙皇帝像

清初，康熙皇帝即开始经营西山园林，开启了在西山大规模建院的序幕。康熙十九年（1680）将玉泉山南麓改为行宫；康熙二十三年（1684），在清华园废址上修建了畅春园，成为北京西郊第一处常年居住的离宫。雍正三年（1725），将圆明园升为离宫，开始大规模扩建，将其面积由 20 公顷扩大至约 200 公顷，并命名了"圆明园二十八景"。乾隆二年（1737），将圆明园二十八景扩建为四十景；乾隆十年（1745）修建长春园；同年在香山修建静宜园，建成二十八景；乾隆十四年（1749），乾隆为向其母祝寿，开始在瓮山（万寿山）兴建清漪园，历时十五年建成；至乾隆三十四年（1769），"三山五园"工程基本完成。

由此可见，清代对北京的建设重点不在城内而在西郊园林。在全盛时期，三山五园地区自海淀镇至香山，分布着静宜园、静明园、清漪园、圆明园、长春园、绮春园、畅春园、西花园、熙春园、镜春园、淑春园、鸣鹤园、朗润园、弘雅园、澄怀园、自得园、含芳园、墨尔根园、诚亲王园、康亲王园、寿恩公主园、礼王园、泉宗庙花园、圣化寺花园等 90 多处皇家离宫御苑与赐园，园林连绵十几千米，蔚为壮观。与此同时还大规模整治了西山水系，形成了别具特色的山水相间的山水园、以山为主的山地园、以水为主的水乡园。

据中国人民大学清史研究所教授何瑜的研究，清代皇帝全年有三分之二的时间居住在苑囿之中处理政务，皇亲贵族为便于上朝，也多在海淀地区修建府第，政治生活重心实际上已转移至西郊。

"三山五园"作为北京西郊清代皇家苑囿的总称，是世界造园史上的杰作，是中国文化被世界认知的重要代表，是今天需要充分挖掘和整理的珍贵历史文化资源。三山五园地区之所以成为皇家园林密集的地区，不仅因为该地区自然景观优美，水系丰富，还因为该地区对于北京城具有极高的生态价值。纵观该地区从金代"八大水院"，到清代的众多皇家园林的发展历史，从建造园林到整饬水系再到推动农业发展，该地区的建设发展完美地体现了中国传统文化"与天地参"的境界，也是中国古代城市建设"相土尝水，象天法地"哲学思想的延伸。

圆明园一角（新华社图）

乾隆年间，利用瓮山和瓮山泊修建清漪园，有力地促进了三山五园地区水系的发展。当时，为增加玉河水量以满足京城用水需要，同时为防洪及发展西郊水稻生产，而大规模整治西山水系。包括建立涵闸，疏通玉河及长河，开通玉泉山诸泉眼，建立养水湖及高水湖，扩大西湖，连通圆明园水系等一系列水利工程。河湖水系的改善为进一步开拓西郊风景园林建设打下基础。从乾隆三年至四十年（1738～1775）的37年间，新建或扩建了静宜园、圆明园、静明园、长春园、绮春园、清漪园等一系列园林。西郊宫苑基本连成一片，中间以长河及玉河相互串通，并将沿途的农田、村舍纳入园林观赏范围之内。

"仁者乐山，智者乐水"，山水一色、自然与人文交相辉映的三山五园风景名胜完整地体现出来，基本汇集了各种传统园林构思。帝王乘御舟游弋在河湖行宫之中，除领略园林的人工美景，同时也将农家生活纳入画框之中，园内园外融为一体。由于地形各异，各园皆有特异的园林形态，有人工山水园、天然山水园，也有天然山地园，基本汇集了传统园林的各类创作及各种园林构思。

今天，应尊重历史上三山五园地区的总体结构，除了保护现状香山、玉泉山、万寿山遥相呼应的空间格局外，还将恢复历史上清河北支沟、北旱河、金河、长河历史水系，同时利用现有水源和南水北调蓄水设施，逐步涵养和发展这一地区的水系。

（2）几处"小"水系

历史上，跟北京城关系最密切的水系有几处，如莲花池水系和高梁河水系等，这些水系在北京城的发展中发挥过重要的作用。

北京的"西湖"、玉泉水系的昆明湖。在永定河故道旁有一座小山——万寿山，是西山的余脉，山前地势低洼。12世纪初，金迁都燕京，最早修建金山行宫。1190年，金章宗引玉泉诸水至金山下，取名金水院，即昆明湖前身。相传元时有人在山麓挖出一只刻有花纹的大石瓮，改名瓮山。1262年后，元世祖兴漕运引西北郊泉水，扩浚湖泊，易名瓮山泊，俗称大泊湖。1506年，明正德皇帝在大泊湖建起"好山园"行宫，改名金海，又称西湖。明末时期，白浮泉水断流，只能依赖玉泉诸水汇集西湖。明清之交，西湖失于疏浚，泥沙淤塞，并有泛滥之患。

清朝经过几十年的经济恢复后，随着西郊园林的大量兴建和水田的增加，京城用水、运河用水及西湖水量日感不足。因此，乾隆初

颐和园的昆明湖与万寿山

年开始大规模整治西郊水道，开辟新水源。经精心设计后，扩浚西湖，于乾隆十四年（1749）冬天开始了昆明湖扩建工程，次年初竣工。乾隆十六年（1751）时将瓮山改名为万寿山，并将开拓昆明湖的土方按照原布局的需要堆放在山上，使东西两坡舒缓而对称，成为全园的主体，使"新湖之廓与深两倍于旧"，并且"为闸、为坝、为涵洞"，以控制蓄泄。这是北京城最早出现的一座人工水库，接济了城内用水，扩建了海淀园林。同时，导引西山碧云寺和卧佛寺附近的泉水，流经玉泉山，汇入昆明湖，扩充了昆明湖水系。同时，开辟高水湖、养水湖，使水次第节蓄，灌溉京西农田。

中华人民共和国成立后，1950年疏挖北长河，新建颐和分水闸，雨季西山洪水通过北长河，由颐和分闸经青龙桥向清河分洪，平时玉泉诸水经北长河由颐和东闸经过玉带桥闸注入昆明湖。1956年、1960年疏挖西湖，平均挖深2米，清淤160万立方米。1966年京密引水工程建成，给昆明湖开辟了新水源，利用北长河下游河道为京密引水渠。1990年，昆明湖又进行清朝扩湖以来的彻底清淤，水面扩大到213万平方米。水体水质得到改善。几百年来，昆明湖一直为北京城市供水、航运、灌溉、防洪及城市建设发展、城乡环境的改善发挥着巨大作用。

北京自古就有一条称得上"母亲河"的河流，那就是最早蜿蜒于京华大地、千百年来滋养着北京城的高粱河。今天的高粱河，通常指紫竹院东流到西直门外高粱河的一段河道。但是在《水经注》中，时称"高粱水"的这一河流，"出蓟城北，又东南流"。经过考证，当时高梁河发源于今紫竹院附近的西北平地，向东流经今德胜门、积水潭、后海、什刹海、北海、中南海、龙潭湖等，最终注入今北京东南的凉水河，斜穿北京城心脏地带，对北京最终发展成为都城有重要影响。

北京作为都城的建城年份，即金代迁都于北京之年。当时在今广安门南滨河路一带，建起了宏伟的皇城，所依托的河流，以高梁河为主。元代初期在金中都东北方向，更接近于高梁河发源地的地方，建起元大都，皇城就在高梁河流经的"太液池"，即今北海与中海的总称。东岸郭守敬又引来西山诸泉等汇集于今昆明湖，向高梁河补充水量，并筑河闸接通大运河，以供漕运。所以高梁河上的广源闸，有"京杭运河第一闸"之称。到了明代，高梁河更成为把玉泉诸水引入京城的唯一河流，由此产生刘伯温与龙王斗法、派大将高亮抢夺水袋保京城水源、致使高亮淹死于今西直门外高梁桥一带的传说。

广源闸

高梁桥原是向西出城第一桥，是元、明、清时代京城人最为喜爱的踏青之处。清代慈禧赴颐和园，往往在高梁河附近的倚虹堂船坞上船，经白石桥、长春桥等，直达颐和园和玉泉山，故被称为"慈禧水道"。整个明清时期，高梁河不仅扮演着京城供水、灌溉和漕运的重要角色，从西直门一直到昆明湖，还成为帝王龙舟赴西郊各行宫的御用河道，沿河修筑了许多寺庙官苑。这一重要河流的名称，也渐渐变为"玉河"和今日的"长河"。而保存至今的"高梁河"，仍固守着北京人对高梁河的记忆。

21世纪初，北京投入巨资整治长河，开通了长河游的航道。从高梁桥西边的展览馆后湖登船，溯流而上直到颐和园，能观赏到以往只有皇家龙船才能欣赏到的沿岸美景。如果步行，则可从高梁桥开始。沿岸能看到慈禧时代就矗立在倚虹堂前的蝴蝶槐、原为清代高梁河畔万牲园的北京动物园、风格奇异寓示密宗五方佛的五塔寺、乾隆皇帝仿苏州风景遍种芦苇经霜变暗后讹为紫竹的紫竹院、慈禧常在此礼佛的万寿寺，一路行来，绵绵流水伴随着思绪，能真切感受到北京历史的沧桑与厚重。

此外，位于广安门外六里桥东北的莲花池，是传说中北京市的发源地。莲花池不大，方圆不过1.5千米，但是在北京的城市发展史上却发挥过极其重要的作用。早期的北京城，包括秦汉蓟城、隋唐幽州城、辽代南京城，直到金代中都城，都是以莲花池为主要的城市供水来源。20世纪80年代，莲花池被列入北京市文物保护单位。20世纪90年代初，建设北京西客站时，有人提出方案要放弃莲花

池，文物专家们坚决反对，最后的规划实施方案将西客站的主楼向东移 100 米，保住了莲花池遗址。随后又从玉渊潭引来清水注入莲花池内，再种植荷花，使已经干涸了多年的莲花池再现昔日的景象。2021 年 1 月 5 日，《我是规划师》节目组来到了莲花池公园，远望湖对面的北京西客站，呈现一幅水畔新生的画面，可以感受到千余年历史水源地与今日北京的交融。

目前，在北京市中心城范围内，有通惠河、凉水河、清河、坝河 4 条主要排水河道及其支流。虽然部分历史水系得到保留，但是仍有许多河道或被填埋或被盖板成为暗沟，失去了"山 – 水 – 城"的整体特色。近年来，为了恢复历史原貌，北京市对部分河段开挖明河，修建临河公园，城市环境得到一定提升，但是历史上完整的河湖水系仍没有显现出来。

北京水脉的恢复不仅仅是展现一处处历史景观，更多的是服务于现代城市在更新和复兴过程中，对于北京历史文化名城的保护和规划理念的体现。恢复部分具有重要历史价值的河湖水面，使其基本形成一个完整的系统，对城市未来的发展更具有积极的作用：一是可以初步再现湖光山色映衬下北京古都规则整齐的整体风貌；二是可以弥补因城墙缺失而带来的老城轮廓残缺的遗憾，利用护城河等"软环境"勾勒出更加清晰的城市格局；三是可以发挥其在防洪排水、气候调节、环境美化方面的重要作用，提高城市的生态环境，改善居民的生活质量。恢复京城水脉一直都在持续中。

一河千载通南北

中国的运河文化肇始于春秋时期。京杭大运河的前身，是开凿于2500多年前的吴国邗沟。邗沟是吴王夫差为了北上伐齐，与晋争霸，一举灭掉邗国，在邗国的原地筑城以备军需，并在城下凿沟而成，以邗沟连通长江与淮河。《左传》记载了这一事件："秋，吴城邗沟通江淮。"《扬州水道记》也记录了邗沟的变迁与沿革。隋炀帝杨广在位时期，开凿了贯通南北的大运河，以洛阳为中心，北起涿郡，南至余杭，分为永济渠、通济渠、邗沟及江南河四段，连通海河、黄河、淮河、长江和钱塘江五大水系，全长2700多千米。

隋朝南北大运河的开通，改变了我国河流尽西向东流的局面，将黄河流域和长江流域连接为一个整体。对后来唐王朝盛世的出现，南北经济、文化的交流，都起到了促进作用。隋炀帝陵出土的鎏金铜铺首和玉璋，更让人遥想到当年历史。唐代皮日休《汴河怀古二首》中有："尽道隋亡为此河，至今千里赖通波。"在隋代南北大运河的基础上，元初相继开凿了济州河和会通河，实现了大运河裁弯取直和全程水运。

"一河千载通南北"。大运河作为一项伟大的水利系统，包括隋唐大运河、京杭大运河和浙东大运河3个部分，全长近3200千米，跨越十几个纬度，历史延续已2500多年。大运河的开凿和改造，源于人类对水资源认识和利用的不断深化；同时，大运河承载着2000多年来东部地区的政治、经济、文化发展变化的历史。通过大运河运输的不仅仅是粮食货物，文化、习俗、信仰也随着大运河传播扩散，大

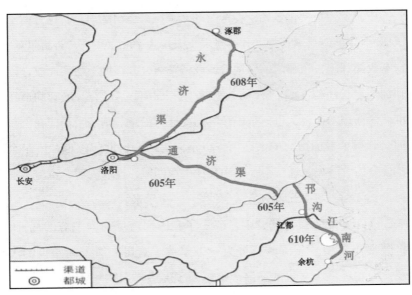

隋朝大运河示意图

运河沿线也兴起了一批历史文化名城。这些城市商贸云集、群英荟萃，留下了无数精彩的故事。

起于北京的京杭大运河

京杭大运河是世界上最长的一条人工运河，经历了 2500 多年的历史。北起北京，南至杭州，经北京、天津、河北、山东、江苏、浙江等省市，将海河、黄河、淮河、长江和钱塘江五大水系连成了统一的水运网，是中国历史上南粮北运、商旅交通、军资调配、水利灌溉等用途的生命线，是贯穿南北流动的文化血脉，是人与自然共同创造的人文景观。大运河沿岸文化遗产极为丰富，有沿河兴起的城镇，有码头、仓库、船闸、桥梁、堤坝等，形成中国乃至全世界范围内罕见的大型线性文化遗产。

北京地区运河开凿的历史悠久，其中真正意义上的运河，始自东汉末年曹操为平定辽东而开凿的平虏渠和泉州渠。隋大业四年（608）开凿永济渠，从洛阳经山东临清至河北涿郡，成为以洛阳为中心的全国河网运输系统的组成部分。北京处在粮食产量普遍不高的北方，金代海陵王迁都之前已经为保障"漕运通济"把潞县提升为通州。经过金代的过渡，元代的漕运终端从中原的洛阳、开封等地转移到偏于陆地版图东北一隅的大都城。隋唐时代"之"字形的运河走势被截弯取直，从淮北穿过山东进入华北平原。

京杭大运河上的风光

京杭大运河通常按照地理位置分为 7 段，分别为通惠河、北运河、南运河、会通河、中运河、淮扬运河、江南运河。大运河北京段为 82 千米，占比不到 1/10，但是沿线文物等级高、分布密集、时代跨度长、类型丰富，其重要性不言而喻。按照郭守敬的精巧设计，从昌平白浮泉一带引水接济漕运，由大都文明门至通州，沿河修建 11 组 24 座水闸以调节水位，形成了当时世界上技术最先进的梯级航道。浩浩荡荡的江南漕船直接驶入大都城内，终点码头积水潭呈现出"舳舻蔽水"的盛况，运河文化也迎来了最具创造性的时代。

在明清两代，京杭大运河作为京师经济命脉的作用十分突出，漕运对于北京城市发展具有重大意义。当时运河沿岸的苏、浙、赣、皖、鄂、豫、鲁等省每年要向北京提供 300 万～400 万石的漕粮，供皇室亲贵、官员、百姓、兵丁等食用，明正统年间达到 500 万石的规模。所以漕运水道便成为京城得以正常运转的经济命脉，因而备受关注。

中国古代运河的发展，与运河漕运息息相关。漕粮运输关系帝国命脉，为保证漕粮运输的顺利完成，首先需要设立相关的管理机构，形成从上至下有序管理，既包括漕粮的征收、运输到交仓等主要环节，也包括运程中漕船及夫役等一系列的管理。正是依托封建社会的高度中央集权制，实行相关的赋税制度，以及漕粮的征收制，才可能实现运河漕运的宏伟蓝图。在历时千余年的漕运兴衰过程中，唐代设转运使、宋代设发运使、元代设都司使，到明清时代设漕运总督专掌漕运，逐步形成了一套完整的制度和机构。

大运河为运河沿线城镇带来了生机，成为维系这些区域发展及繁荣的动力。在经济、商业发展的物质基础上，文化也得到了兴盛与繁荣。特别是运河地域文化的鲜明特点，以及运河沟通带来的文化融合，成就了大运河文化的璀璨与辉煌。"漕运昼夜不停，运河号子连天"，这是当年通州大运河鼎盛时期的景象。通州的燃灯塔是中国大运河四大名塔之一，也是京杭大运河千里漕运最北段的标志。大运河促进了思想文化传播，人们四方杂处，异地风情与本土习尚相碰撞，形成了运河沿途地区的民俗信仰。水的灵秀滋养着运河两岸人们的生活，形成了一大批具有浓郁地区特色的非物质文化遗产。

　　与世界上其他文化遗产和线性文化遗产相比，中国京杭大运河有着明显的特殊性：第一，它是一项由文化要素和自然要素共同构成的混合遗产；第二，它是活态的文化遗产，历史上的大运河作为贯通南北的经济大动脉，是南粮北运和盐运的重要通道，今天的大运河对沿线城市的交通、生态、经济、灌溉和防洪安全的作用依然相当显著；第三，它是由点、线、面不同形态的遗产类型共同构成的文化遗产廊道；第四，它是由古代遗址、近代史迹和当代遗产共同构成的文化遗产；第五，沿线工业遗产、乡土建筑、农业景观等集中反映了普通民众的生产、生活及其变迁，与今天仍然生活在运河沿岸的广大居民，形成了物质与非物质文化遗产共生共存的文化空间。

申遗成功的大运河让古都焕发生机

我开始关注大运河及其沿线文化遗产是在 2003 年。当时南水北调工程东线方案涉及大运河和遗产的保护问题，国家文物局开展了包括大运河在内的文物资源调查。我在全国政协提交了一份《关于在南水北调工程中重视文物保护的建议案》。其中提到，我们的万里长城早已成为世界文化遗产，而大运河到今天连全国重点文物保护单位都不是，建议要在南水北调工程中注重保护包括大运河在内的文化遗产。40 多位全国政协委员参与了这次提案，这是全国政协在大运河保护方面最早的提案。

2003 年、2004 年、2005 年，国家文物局连续开展了三次大运河全程调研。2004 年，我在全国政协提交了《关于大运河文化遗产保护亟待加强的提案》，这个提案对开展大运河文化遗产保护起到了一定的促进作用。2005 年，国家文物局专家委员会在讨论第六批全国重点文物保护单位名单时，特别把京杭大运河列入其中，得到当时专家的一致赞同。2006 年，国务院批准京杭大运河整体进入全国重点文物保护单位，这在全国重点文物保护单位的确定中，是一次创新性的实践。

全国政协积极呼吁、组织考察，通过多种形式推动大运河保护和申报世界文化遗产。2006 年 5 月，全国政协开展了声势浩大的大运河保护与申遗考察活动，在杭州召开了京杭大运河保护与申遗研讨会，发表了《京杭大运河保护与申遗杭州宣言》，拉开了大运河保护

流经无锡的京杭大运河

和申报世界文化遗产的序幕，起到了社会动员的作用。在此基础上，我们在重设《中国世界文化遗产预备名单》时，将京杭大运河扩展为中国大运河，使它进入申报世界文化遗产的正常程序。此后，在京杭运河、隋唐运河的基础上，又增加了浙东运河。

2007 年，我牵头撰写并提交了《关于推进大运河世界遗产申报工作的提案》，有 40 多位专家联名支持这项提案。大运河申报世界文化遗产变成了运河沿线城市的一个集体行动。不久，在扬州设立了大运河联合申遗办公室。2008 年，为促进大运河保护纳入法制管理的轨道，我又提交了《关于尽快制定〈大运河保护条例〉的提案》，希望大运河在申报世界文化遗产的过程中，能有更加鲜明的法律支撑。2008 年 3 月 23 日，国家文物局主持召开了大运河保护与申遗工作会议，大运河正式进入申报世界文化遗产工作程序。

第一项工作是编制保护规划，中国文化遗产研究院承担了规划的编制研究工作，清华大学吴良镛院士、中国水利水电科学研究院谭徐明老师等参加了规划编制的评审。2008 年 8 月，经过专家评审会审议通过，确定大运河遗产保护规划编制工作分三个步骤进行：一是 2009 年 6 月前完成地市级的规划编制，二是 2009 年 12 月前完成省和直辖市的规划汇总，三是 2010 年 12 月底完成大运河总体保护规划编制。科学的工作需要缜密的设计，一步一步严格按时间、按步骤、按程序来开展，大运河保护规划的编制就是认真按照计划才得以如期完成。

大运河第一阶段保护规划编制工作部署以后，35 个城市全部行动起来。2009 年，国务院成立了由 13 个部门和 8 个省（市）参加的大运河保护和申遗省部级会商小组，有力地推动了这项工作的开展。国家文物局多次召开大运河申遗工作会议，申报世界文化遗产工作进展到各个不同阶段研究并部署。2014 年，大运河申报世界文化遗产成功，意味着大运河的突出普遍价值、真实性、完整性，以及为保护这些珍贵遗产几代人付出的艰苦努力，得到了世界遗产委员会和国际专业咨询机构的一致认可，在文化遗产保护领域开创了历史新篇，使人振奋，令人深思。

大运河申报世界文化遗产成功也给中国文化遗产带来许多启发和经验。一是引发了文化遗产保护理念的变化。首先，更强调文化遗产的传承性。我们一些专家学者往往对保护重要还是利用重要争论不休。其实保护也不是目的，利用也不是目的，真正的目的是传承，把祖先创造的文化遗产经我们的手，健康、完整地传给下一代，这是我们开展文化遗产保护工作的目的。其次，更强调公众的参与性，特别像大运河这样大规模的线性文化遗产，涉及众多的利益相关者，涉及千千万万家庭的切身利益。保护文化遗产不单是我们政府的事，也不单是文物部门的事，应该是一项世代传承的、公众参与的事业，重在全民参与。

二是在文化遗产保护的范围上与其他文物的保护思路有六个方面的重大变化。第一，不但要保护文化要素方面的东西，而且要保护文化和自然共同形成的文化景观；第二，不但要保护静态的宫殿建筑、寺庙建筑、纪念性建筑，而且要保护活态的历史街区、村落民居、江南水乡；第三，不但要保护那些点、面，而且应该扩大到空间范围更加广阔的"线性文化遗产""系列遗产"；第四，不但要保护古代的、近代的，而且要保护现代的、当代的文化遗产；第五，不但要保护历史建筑，而且要保护人们生活中的传统民居、工业遗产、老字号遗产；第六，不但要保护物质文化遗产，还要保护非物质文化遗产。

大运河北京段所涉 6 个区共有国家级非遗代表性项目 86 项，市级非遗代表性项目 107 项，运河的文化符号生长在北京的各个角落。例如，作为北京面塑重要代表的"面人汤"面塑，据说创始人汤子博的技艺就是来自山东菏泽（古称曹州）的面塑技艺，而这位师傅正是经由大运河来到北京通州谋生。通州漷县镇张庄村的运河龙灯会所舞的两条蛟龙，代表"水"的蓝色，是鲜明的运河文化印记。国粹京剧的出现也离不开这条文化水路。1790 年，"四大徽班"沿运河入京，经过几十年发展，京剧诞生。就像用水和面一样，大运河把各个曲种融合在一起。

大运河能够承载中华文明，成为封建王朝的命脉，重要的支撑之一就是运河工程技术的保证。大运河连续水路长，跨越地区自然环境差异大，在开凿、使用、管理、维护等方面，均体现出中国古人的思想和智慧，由此造就了丰富多样的水利工程，促进了河工器具和舟船营造的发展。京城内外保护下来的水道、码头、槽船、仓场、闸坝、官署、城镇、祠庙等，都是运河文化的物质载体，由此派生出来的各类地名仍不失为追寻北京文脉的重要线索。大运河文化带的形成和积淀，是以运河为依托的人类活动的结晶。

中国大运河水利工程，解决了在严峻自然条件下修建长距离运河面临的地形高差、水源控制、水深控制、防洪减灾、系统管理等难题，保证了持续通航。水利工程中，闸坝是运河运行的关键，所谓

《河防一览图》

"水泄则置堰坝以防之""水浅则置闸以贮置"。明朝水利学家潘季驯等人绘制的《河防一览图》，描绘了相关运河的治理情况。

2014年6月22日，中国大运河申报世界遗产获得成功，大运河保护翻开新的一页。中国大运河申报世界遗产项目，选取了各河段的典型河道段落和重要遗产点，包括河道遗产27段，总长度1011千米，相关遗产点共计58处。北京作为大运河北起点，入选名录的共有两段河道和两处遗产点。两段河道：一段在北京老城内，中轴线的东西两翼，即"通惠河旧城段"，含什刹海、玉河故道北区、澄清上闸与万宁桥、澄清中闸与东不压桥；另一段是"通惠河通州段"，西起永通桥，东至北运河。两处遗产点分别坐落在玉河两端的万宁桥和东不压桥。

2019年12月，北京市发布《北京市大运河文化保护传承利用实施规划》，将推进大运河沿线重点文物腾退，包括什刹海周边文物建筑群和颐和园的多处被占古建筑，并改善整体风貌，更好地保护历史文化保护区和文物古迹及其周边区域的真实性、完整性。这项实施规划从2025、2035、2050年三个阶段，对大运河文化保护传承利用的中长期目标进行了安排。2025年，大运河文化带生态环境整体改善，水系水质全面改善，周边环境得到有效治理；滨水空间可达性、趣味性明显提升。2026年至2035年，大运河文化遗产实现整体性、系统性保护，大运河滨河生态文化廊道全线建成。2050年，魅力运河、美丽运河、多彩运河、协同运河全面建成。

《北京市大运河文化保护传承利用实施规划》以大运河为轴线，

构建"一河、两道、三区"的大运河文化带发展格局。"一河"即以大运河北京段为轴线，组织推进大运河文化保护传承利用，建设大运河文化带。"两道"即全线滨河绿道和重点游船通航河道。重点推进南长河、玉河、通惠河、潮白河、北运河等绿道建设升级；同时，开发重点游船通航河道，确保通惠河部分河段、潮白河部分河段、北运河通州段实现游船通航。"三区"即运河文化展示区、运河生态景观区和疏解整治提升区建设。

　　说起大运河的源头，很多人想到的是北京通惠河。但是也有人认为，位于昌平的白浮泉才是京杭大运河最北端起点。目前，大运河源头遗址公园规划设计方案已经编制完成，白浮泉遗址围墙及九龙池碑亭、都龙王庙维护保养修缮已整体竣工。从白浮泉起，经昌平、海淀、西城、东城、朝阳至通州，一路沿线上的重点文物区域也在陆续腾退。醇亲王府、庆王府、会贤堂等什刹海周边文物保护工作正在全力推进。有"一支塔影认通州"美称的燃灯佛舍利塔，主体修复工程已经竣工，通运桥、晾鹰台等文物的维修保护工程也已经启动。

什刹海"好梦江南"码头

《北京市大运河文化保护传承利用实施规划》中的"运河文化展示区"包括白浮泉水源文化、颐和园古都文化、万寿寺古都文化、什刹海—玉河京味文化、通惠河沿线创意文化、通州古城漕运文化、城市副中心大运河文化 7 个展示区。"运河生态景观区"重点围绕南长河公园、大通滨河公园、庆丰公园、潮白河森林公园、大运河森林公园区域，形成较大尺度的运河生态景观标志区。"疏解整治提升区"主要围绕颐和园、鼓楼西大街、南锣鼓巷、管庄 4 个片区，推进"疏解整治促提升"专项行动。

　　依据《北京市大运河文化保护传承利用实施规划》制定的"五年行动计划"要求，全面梳理什刹海周边文化建筑现状，推动腾退醇亲王府、庆王府、会贤堂等文物建筑群，制订腾退项目清单及进度计划，结合中轴线申报世界文化遗产整治规划及修缮规划，制订腾退后的文物修缮计划及环境整治计划。"五年行动计划"要求，加强颐和园疏解整治，于 2022 年底前，完成有序腾退西宫门、军机处等多处被占古建筑，恢复颐和园文化遗产完整性。"五年行动计划"要求，加强万寿寺文物保护与修缮，扩大展览、社教空间。要求延庆寺周边的棚户区腾退改造，将这个地区建成大运河文化带的重要节点，并尽早对社会开放。

　　按照《北京市大运河文化保护传承利用五年行动计划（2018年—2022 年）》，通惠河部分河段按计划于 2020 年 12 月前实现游船通航；潮白河部分河段计划于 2022 年 12 月前实现游船通航，依托潮白河现有 20 千米河道，完善沿河两岸的游船游览配套设施，开辟游船游览项目。北运河通过开展通航调研工作，制定了《北运河（通州段）全线游船通航工作方案》，开展了航道清淤、整治、过船设施和护岸设施改造等工程。2019 年 10 月，北运河北关闸至甘棠闸段 11.4 千米正式通航，其余 29 千米于 2021 年 6 月实现通航，为北运河全域游船通航奠定了基础。

按照《北京市大运河文化保护传承利用五年行动计划（2018年—2022 年）》，北京将创立通州大运河国家 5A 级景区，整合"三庙一塔"、西海子公园、大运河森林公园等北运河沿岸文化旅游资源，维修保护李贽墓，扩大绿化空间和活动空间，于 2020 年 12 月按照国家 5A 级景区标准完善北运河生态文化发展带旅游基础设施，拓展体验性、互动性的特色文化内容。要有效完善大运河文化资源基础资料，遵循大运河真实性和完整性的保护原则，按照轻重缓急制订分期实施保护计划，明确保护范围和方法，严格在遗产区和缓冲区建设项

京杭大运河北京段（新华社图）

目的审批制度，统筹规划大运河资源活化利用。

京杭大运河是串联沿线区域文化的一条重要文脉。要发挥大运河文化带内在驱动力，改善大运河生态环境，建设大运河绿色廊道，提高大运河文化遗产保护力度。对于大运河沿线城市的重点考古遗迹，尤其是对大运河文化遗产整体保护过程中，要避免打造趋同化的城市景观，避免因缺乏科学态度和人文意识而使整治后的城市沿河景观出现缺乏生机的水泥护坡，以及千篇一律的水边广场，特别是集中建设房地产开发项目。否则就会失去遗址遗迹的原汁原味，伤害大运河城市的魅力。

我是文物系统的一名老兵，20多年来，我经常在各种场合呼吁保护大运河，还撰写了《大运河遗产保护》一书。中国大运河申报世界文化遗产成功后，我也没有停止这种努力，我曾参与过一些城市的规划工作，对于现代城市的规划，始终给予关注。我们寻找和讲述"依河而居"的运河城市的历史和故事，也是为了寻找和守望每一座文化城市的灵魂，只有找到城市的灵魂，才有可能防止泯灭个性、千城一面。北京内城的水系、通惠河玉河的河道得以恢复，正是寻找和守望城市灵魂的重要举措。

目前，结合北京地区大运河遗产实际情况，编制了大运河北京段遗产保护规划，并划定了保护范围及建设控制地带。逐步对大运河及沿线的文物古迹进行保护修复。昌平区白浮泉遗址、海淀区广源闸、西城区万宁桥、东城区东不压桥遗址、朝阳区高碑店闸、通州区燃灯塔等均进行了不同程度的修缮加固。此外，海淀区长河、西城区什刹海、东城区玉河北区、朝阳区通惠河、通州区北运河等均进行了环境整治工作，使大运河遗产本体保护状况和环境风貌得到了明显改善。

"三个文化带"的战略思路也是在这样的背景和发展状况下诞生的。采用"文化线路"或者"文化带"保护管理的方式，在原有两级管理区划的基础上，能够加强大运河世界文化遗产的背景环境保护，使得遗产地之间的空间联系得到统筹考虑。不仅仅是保护遗产本体和临近地区的景观风貌，还能保护周边的城乡整体发展格局和风貌、文化景观、历史河湖水系、历史街区、各级不可移动文物和历史街区、区域传统文化、节庆活动、旅游开发、建设活动等，使文化遗产与周边居民的生产、生活、教育、精神、文化活动等相结合。

事实上，大运河在中国南方和北方之间架起了一座文化沟通的桥梁，通过人员往还、书籍流通与信息传播，全国各地的戏曲、曲艺、文学、艺术、美食、园林，与漕运有关的花会、庙会、河灯、舞龙、高跷、号子、民谣等荟萃于首善之区，京师文化也由此向四面八方辐射，经过相互吸收、彼此借鉴，积淀为既兼容并蓄又引领潮流的文化形态。在林林总总的北京文脉中，以大运河为标志的大运河文化带，蕴含着极为丰富的文化遗产，有待我们继续发掘、研究和传承。

"静"与"动"的城市痕迹

　　古都北京，堪称一座古城墙博物馆。金中都城、元大都城、明清北京城的城墙遗址，共存于北京城市中，它们像散落在这座城市之中的珍珠，见证着这座古都所经历的沧桑变迁。北京城的护城河系统和北京城墙是共存的城市防卫和景观系统，共同组成了北京护城河内外的"静"与"动"。所谓"静"，指的是城楼和城墙；所谓"动"，指的是流动的护城河。它们紧密相连，共生共长。北京护城河系统不仅具有排水、运输、灌溉等功能，而且展现出老北京城的独特水韵风貌和灵动景观。

金中都城墙、水关遗址

　　金中都城墙，并非全部重新修建，而是在辽南京城原城墙的东、西、南三面各向外扩展约 1.5 千米，北城墙仅向东、西各延伸出约 1.5 千米，城墙周长 18.69 千米。目前，金中都城墙遗址发现 3 处。在丰台区凤凰嘴村附近留存的金中都城墙遗址为其中之一，而在这处城墙遗址正东 3 千米处，20 世纪 90 年代初还发现了金中都水关遗址，当年是全国十大考古新发现之一，被公布为全国重点文物保护单位。

　　金中都水关遗址位于丰台区右安门外的玉林小区，距离凉水河以北 50 米处，水关位于金中都南城墙上，为城内的河流入城南护城河，即今日的凉水河的关口。全长 43.4 米，出水涵洞长 21.35 米，宽 7.7 米，出入水口各呈"八"字形展开。这是迄今国内所发现规模最大、保存最完整的一处水关遗址，也是迄今所发现的唯一一处完整的金中都建筑遗址，建造年代为 1151 年至 1153 年间，为研究金中都城和中国古代城市提供了难得的实物资料。金中都水关遗址跨城墙而建，木石结构，水流经水涵

金中都水关遗址

洞由北向南穿城而出，流入护城河。现存的遗址主要有水涵洞地面铺石、两侧的残余石壁、进水口的城墙夯土等。

历经数百年的沧桑岁月，金中都水关遗址已经掩埋在地下约 6 米处。木石结构的水关、规模宏大的排水工程，基本保存完整。其中，对其木质文物进行脱水处理、加固，安装有利于文物保护的各种设备，加强日常维护，请专家学者进行论证以达到科学有效的保护。1995 年 4 月，在金中都水关遗址上建立的辽金城垣博物馆正式对公众开放，博物馆地下一层即金中都南城垣水关遗址，一层为展览大厅，介绍此水关遗址的发掘过程、研究成果及文化价值。目前，这座全国唯一展示辽南京城和金中都城物质文化的遗址博物馆，已对外开放 20 多年，接待了诸多国内外访问者，他们对 800 多年前金中都的城市建设工程，以及今天采取的保护措施给予了高度评价。

元明清的城墙遗址

北京的城墙和城门在北京人的心中，是一种不能割舍的情结。这些高大雄伟的城墙，已经深深地融进了北京人的生活，长达几个世纪之久，历经了几个时期。元大都城垣建成于至元十三年（1276），周长 28.6 千米，平面布局呈长方形，城墙基宽 2.4 米，墙体运用夯土版筑的工艺建造而成，因此被称作"土城"非常贴切。元大都城墙遗址，现存北城墙（俗称北土城）及西城墙（俗称西土城）北段，已被

辟为元大都城垣遗址公园，公园内高低起伏的土城笔直连绵，配上苍劲的老树，更显得古意盎然。

　　明代北京城的内城有九个城门、外城有七个城门。实际上这一南北双环的格局，是在明中期得以确立下来的。明永乐四年（1406），明成祖决定营建北京，命泰宁侯陈珪掌营缮事，大臣吴忠和太监阮安负责规划设计。明永乐五年（1407），其宫殿、城池、门阙、坛庙等数十项工程同时开工。整个城市的布局是：内城围着皇城，皇城保卫着紫禁城；每城的四周都挖一道护城河，形成对紫禁城的层层拱卫，紫禁城处于全城正中的南北中轴线上，其他建筑则对称分布在中轴两侧。

明代北京城墙呈"凸"字形，城墙周长24千米，墙基宽24米，墙通高12～14米。当时，每一座城门都有特定出入的规矩，这些规矩与人们的生活息息相关。例如，西直门走水车、阜成门走煤车、安定门走粪车、东直门走灵车，还有往来课税走崇文门、漕粮入城行东便门，逛街出正阳门、出关走德胜门等。内外城门每天有固定的启、闭时刻，由管门的护军严格执行。这些在当时人人都知道的钟点，约束、指导着生活在城里城外人们的作息，体现了北京这座城的规矩。

　　随着朝代的更迭、外敌的入侵和战争的爆发，北京老城遭受了不同程度的破坏，城墙和城门也未能幸免。1900年，八国联军攻进北京后犯下累累暴行，其中也包括对北京的城墙和城门的破坏。先是

正阳门旧影

多个城门的瓮城和箭楼、城墙角楼被大炮轰毁；随后为修筑调遣军队的铁路，开始拆除部分城墙；在东南角楼被攻陷后，得意扬扬的侵略者登上城楼，在东南角楼的西北侧墙面上刻写名字留作纪念。今天，这些记录着中华民族屈辱的印记依旧清晰可辨。1912年以后，北洋政府以修建环城铁路的名义，陆续对北京的城墙和城门实施了拆除和改造。

北京城东南角楼是目前国内最大、北京仅存的明清内城城垣转角箭楼，明城墙的其他角楼已经消失于城市建设过程中。这座东南角楼于明正统元年（1436）开始修建，正统四年（1439）落成。东南角楼沿城台外缘建起，平面呈曲尺形，四面砖垣，绿色的琉璃瓦上饰有神兽，四面开有144个箭窗孔。站在城墙脚下仰视，仿佛仍可以感受到遥远的金戈铁马时代。梁思成先生竭力主张把老北京城的城墙、城门完整地保留下来，"建成为全世界独一无二的环城立体公园，犹如一条璀璨的项链"。

然而，1959年，北京市规划部门在对市民来信要求保留北京城墙的答复中称："旧北京城严重束缚首都建设事业的发展。将来沿着城墙要开辟城市第二环路，路两侧将盖起许多大楼，若使这些大楼面向城墙，是极不合理的。如果把城墙拆除，修筑一条滨河大道，两旁再进行绿化，则这条大道既显得开阔美观，又便利交通。"① 无

---

① 刘小石. 保护四合院住宅街区是保护北京历史文化名城的当务之急. 北京规划建设，2004（2）.

疑，这一拆除城墙理由的答复很快就成为现实。20 世纪 60 年代，北京建设步伐开始加快，由于建设指导思想的局限，北京的城墙与城门在经过了不太久的"存废之争"后，在 20 世纪 60 年代末几乎被拆除殆尽。

从此，北京的城墙和城门变得越发残缺不全，逐渐失去往日的风采。目前，只有正阳门城楼与箭楼、德胜门箭楼、内城东南角楼，以及崇文门东侧和西便门的一段城墙，成了硕果仅存的实物。然而，穿梭遥远的时空记忆，曾经的城墙脚下并非现在看到的景象。老舍在《老张的哲学》中有过这样的描写："古老雄厚的城墙，杂生着本短枝粗的小树；有的挂着半红的虎眼枣，迎风摆动，引得野鸟飞上飞下地啄食。城墙下宽宽的土路，印着半尺多深的车迹。靠墙根的地方，依旧开着黄金野菊，更显得幽寂而深厚。清浅的护城河水，浮着几只白鸭，把脚洗得鲜黄，在水面上照出一圈一圈的金光。"

全国各地保留至今的城墙也都有着坎坷的经历，它们无声地讲述着自己城市的难忘故事。时至今日，在中国历史悠久的城市中，只有

梁思成

西安、南京、平遥、兴城等少数城市留下了比较完整的古代城墙，作为文化遗产得到全社会的保护，其中平遥古城被列入《世界遗产名录》。而中国多数历史文化名城的城墙，与北京明清城墙一样没能摆脱被拆毁而消失的命运。

梁思成先生从科学的角度阐述了北京作

西安城墙

为世界上独一无二的、保存完好的历史文化都城，应将城墙、城楼、护城河等尽可能地加以保护利用，在改建中保持其传统风貌。今天我们重温这一观点，更深切地领悟到他的远见卓识。吴良镛先生在起草的国际建筑师协会《北京宪章》中指出："我们所面临的挑战是复杂的社会、政治、经济、文化过程在由地方到全球的各个层次上的反映，其来势迅猛，涉及方方面面，我们要真正解决问题，就不能头痛医头，脚痛医脚，而要对影响建筑环境的种种因素有一个综合而辩证的考察，从而获致一个行之有效的解决办法。"

城墙与城门的消失，是对这座城市"根"的破坏，同时也是对这座城市"魂"的破坏。梁思成先生曾有"拆掉一座城楼像挖去我一块肉；剥去了外城的城砖像剥去我一层皮"的感叹，令多少人为之扼腕叹息！城市是一种历史文化现象，每个时代在这里都留下了各自的记忆。城市既是经济成果，更是文化结晶。保存住城市的记忆，才能保留住城市的"根"；保存住城市的特色，才能保留住城市的"魂"。

在北京火车站东侧和南侧，有一段曲尺形的古城墙，这就是历经沧桑的明城墙遗址东便门段。东便门地区曾是元、明、清时期的漕运码头，在大运河作为沟通南北交通的漕运时代，这里舟楫交错，商贾云集，一派熙熙攘攘的繁忙景象。今天，漕运时代早已一去不复返。当年，这段城墙被众多低矮简陋的房屋所包围，周边环境杂乱破败，为了加强保护，北京明城墙遗址公园应运而生。

2001年，北京启动明城墙遗址公园建设，整治遗址的周边环境。

北京城东南角楼

一年以后，明城墙遗址公园正式对公众开放，东起东南角楼，西至崇文门，总面积约 15.5 公顷。这座公园古朴、绿色、自然，在展现古城墙历史风貌的同时，也让市民有了休闲、放松的新去处。如今明城墙遗址公园内绿草如茵，松柏苍翠；儿童尽情嬉戏，市民散步、锻炼，一派闲适欢快的氛围。在城墙上，每隔一段就有一座与城墙等厚的墩台。经过修复的城墙高低起伏，显得雄伟坚固而又有一些沧桑。

如今，北京城东南角楼经过数百年风霜洗礼，集传统文化与现代风貌于一体，融入繁华的城市中心，与不远处的现代高楼大厦对视，宛若一场穿越时空的对话，见证着时代的变迁。每当火车缓缓地驶入京城，东南角楼迎接着归乡的亲人，欢迎前来旅行的游客，展现出一座古都悠久的历史文化，断壁残垣更显深沉凝重。从城墙上向下俯瞰，一辆辆呼啸而过的火车仿佛穿越古今，将记忆从遥远的明朝带回21 世纪。

城墙内外的护城河

北京原有的内外城都有护城河，这些护城河在历史上除了防卫的作用外，还具有排洪的功能。清澈的河水、古老的城墙、遍地的野花、怡然的白鸭，共同描绘出的是一幅旧时北京独特的风景画卷。如今，幽静的护城河环绕古老城墙的景色，只能在记忆中寻找。北京内城的护城河包括宣武门、西直门、复兴门、阜成门等位置的西护城河和东护城河，基本上都变成了暗沟。北京老城在失去宏伟的城墙和护城河的同时，也失去了文化古都壮美的景观和独特的风貌，得到的是宽阔的交通干道和道路两侧缺少地域特色的楼房建筑。但是，现在人们越来越清楚地认识到宽阔的道路和高层的楼房并不是现代化的标志。

北京地区的很多河道实际上发挥着区域定位的作用。例如，今天的二环路就是顺延过去明城墙遗址的定位，虽然城墙已经消失，但有几个城门还在。在二环路上，可以想象如果还有以往的北护城河和南护城河的话，包括规划中要恢复的前三门护城河，把它们连通在一起，内城和外城的区域定位会更加鲜明一些。人们走在城市中就知道自己走在何处，这个地方在历史上是什么功能的区域。要实证一个城市的历史，就是要靠这些历史遗存的叠加来加以呈现。

明嘉靖时期，修筑了北京城外城，开挖了外城护城河，汇入通惠河。到1953年护城河填埋前，内外护城河总长41千米左右。北护城河，从上游长河进入西直门三岔河口，经德胜门，到达安定门至东北城角。20世纪70年代，北护城河上段的明河改为暗沟。东护城河，上游接北护城河，下游于东便门经大通桥入通惠河。西护城河，自西直门长河终点三岔河口，至西便门前三门护城河与南护城河分流处，全长5千米，1965年至1971年，分两次将西护城河全部改为暗沟。南护城河，上游起自西便门，绕流外城，经广渠门向北直入通惠河，全长15.5千米。

在北护城河考察（周高亮摄）

北京老城关于水的保护和规划中，也有很多相关的落地实施效果好的实例。自从 2015 年就提出将建造 60 千米的"水二环"，围绕现有的护城河建造滨水空间。今天，我们可以看到在南护城河一线，围绕水域的两岸建造了左安门滨水公园、玉蜓公园、二十四节气公园等；在治理和清淤的同时，把滨水空间提供给周边的社区民众，提升城市生活的幸福感。除了滨水空间可以为城市环境增色，护城河还有一个重要的作用，就是用内外城的护城河来勾勒出老北京城的风貌和轮廓。毕竟，由于历史原因，没有能够保留住北京城的内外城城墙，但是有了这些护城河，也可以展现出老北京城的风貌，并具有老北京城的独特水韵和灵动景观。

2021 年 1 月 5 日，《我是规划师》节目组来到德胜门外的护城河畔。在这里，我回想起20世纪70年代在京城北郊沙河的电子器件工厂当工人的那8年。那时，我每周都要乘45路公共汽车返城，当汽车驶进德胜门外那条老街，远远望见德胜门城楼，再穿过城楼下的护城河时，就知道即将进城，快到家了。可是今天再次来到德胜门城楼，却已经没有了昔日的印象和感受，记忆深刻的老街已经彻底消失，德胜门城楼下是纵横交错的立交桥，只有桥下的护城河水还在静静流淌。在护城河望城楼，过去在京城是常见的风景，如今只有3处地点：一是德胜门外，二是东便门外，三是永定门外，其余的地方不是已经没有城楼，就是已经没有护城河了。

北二环路是原北京内城北城墙的位置，城墙外就是北护城河。北护城河在京城水系中占有举足轻重的位置，它是活水，水源来自玉泉

南护城河（周高亮摄）

山水、高梁河水，它们汇集到积水潭，积水潭水再流入北护城河，此后从东护城河到大通河口，流入通惠河，入通州北运河。北城墙消失了以后，北二环外的原护城河道经过疏浚整修，在两旁植树栽柳，进行绿化。其中，滨水绿道是一种将市民需求和城乡绿色空间资源有机结合的建设模式。通过将城市公共绿地、郊野林地、河道绿地等绿色空间变为可进入的公共空间，满足居民休闲游憩的需求。如今，二环路是喧闹嘈杂的，车流滚滚，但北护城河的滨水绿道却是另一个世界，静谧幽深而秀美。

历史上，护城河不仅具有排水、保障城市安全的功能，而且在交通、运输、观光游览、美化环境等方面都起到过很好的作用。虽然由于历史原因，使一些护城河从明河改为暗沟、暗渠，但是这些水域对今天的北京城而言，始终肩负着排洪、泄水的功能。中华人民共和国成立以后，相关部门对明河不断进行治理、清淤和改造，到 1985 年，就只保留下来德胜门往东沿线的北护城河，以及左安门往西沿线的南护城河。我看到一些统计数据提到，现在的护城河整体长度虽减少了近 50%，但是防洪排水能力有了很大的提高。

过去，前三门护城河自西便门开始，流经宣武门、正阳门、崇文门至东便门汇入通惠河，全长 7.6 千米，是一条贯通城市中心的人工河道，也是明清北京内城的南护城河。前三门护城河所具有的核心位置，使之成为老北京内外城水系中一个重要的枢纽，并起着河道之间的连通作用。在前三门的崇文门西侧，是正义路南口，一直向北延伸连通了南、北河沿大街，是历史上重要的漕运河道玉河段；玉河向南流到前三门护城河，接通东便门大通桥汇入通惠河。另外一个重要的地点，是正阳门前东南走向的一条减水河，具有为前三门大街排洪的功能，地处前门大街外的三里河，现在已经恢复成为三里河景观公园。

由于明、清时期城内皇家园林不许老百姓进入，于是城外的河道水体就成为普通民众游乐的好去处。尤其是前三门护城河，是距离皇家禁地内城最近的一处滨水空间。每到冬天，前三门护城河和南护城河都会开辟出冰上运输线，可以坐船出游。明清时期的每年农历七月十五，即传统的中元节，前三门护城河还是老北京人放河灯、赏河灯的地方。但是，1965 年前三门护城河崇文门以西的 5.6 千米也改为了暗沟。

打卡相关重要地标

2021 年 3 月 17 日，《我是规划师》节目组一行来到前门大街五牌楼下，这里是正阳桥遗址区，正阳桥下的前三门护城河是老北京城重要的水系之一，应该说正阳桥是北京水系的一个重要地标。在这里，我与北京市城市规划设计研究院历史文化名城规划研究所主任赵幸，就三个话题进行了讨论：按图索骥寻找正阳桥历史位置；探讨正阳桥及周边风貌规划；畅想老城水系未来规划和图景。赵幸主任手里拿着几张正阳桥的历史照片，分析正阳桥的历史位置，为正阳桥历史

和赵幸主任在探讨规划（周高亮摄）

景观规划开展做前期考证和调研工作。

如今，在前门大街北端耸立着一个五牌楼，五牌楼南面写着"正阳桥"三个字，可见这座五牌楼当时是正阳桥的一个附属建筑，是一座地标建筑；"正阳桥"三个字是清代的时候由满汉两种文字书写，民国以后重建就只留下了汉字。无论是从历史照片中看，还是从历史文献记载分析，正阳桥的体量很大，宽度超过了 30 米，是一座三券石桥。正阳桥之所以如此宽阔，是因为桥下流淌的是前三门护城河，也就是明清北京城内城最重要的一条护城河。据文献记载，正阳桥桥面的中心点与前门箭楼之间的距离为 58.5 米左右。

早在 1992 年，修建正阳门地下通道的时候，曾经将正阳桥挖了出来，为了保护又把它埋在地下；在前门大街修建的时候，还挖出过正阳桥东南角的镇水兽，也是出于保护的需要，考古专家把它们掩埋于地下。如今，编制正阳桥历史景观规划，展示正阳桥整体风貌，需要开展前期考古调查，进一步明确正阳桥的位置，通过桥的位置，判断河道的位置，结合正阳桥和护城河保护规划，进行历史景观的展示。当然，之后希望人们看到的不仅只是标识，还能够看到正阳桥和护城河本体，这都需要进一步进行考古发掘和遗址保护。

赵幸主任告诉我，确定正阳桥的展示方式，可能是一些示意性展示，整体风貌展示的方案也会随之配合。目前只是一些初步的想法，可能有带水的规划，也可能用草地来代表水的位置，做示意性展示。就像东不压桥的展示方式那样，考古遗址揭示出来，就要进行保护，可以在局部地方恢复一些较浅的水面，对历史环境加以说明。如果未来有可能恢复正阳桥和前三门护城河的部分水系的话，将是一个复杂庞大的系统工程，因为道路下面有地铁，还有大量地下管道，路上有繁忙的交通线路，恢复必然有一定难度；但是，还是期待之后分阶段进行水系恢复，开展深入研讨。

此外，如果未来创造条件恢复前三门护城河，同时玉河继续向南延伸到正义路，三里河景观继续向北，它们最后都与前三门护城河汇通的话，在北京老城内将会形成一幅水城共融的图景，真是令人期待。东便门地区，曾是元、明、清时期的漕运码头，在大运河作为沟通南北交通要道的漕运时代，一派熙熙攘攘的繁忙景象，今天，漕运时代早已一去不复返。为了保护明城墙遗址东便门段和内城东南角楼，北京明城墙遗址公园应运而生。明北京城城墙遗址东便门段、西便门段已被列入全国重点文物保护单位。

　　天桥是北京中轴线南段不可忽视的节点地标。这个节点既是建筑的，也是地理的。北面正阳门，南望永定门。中轴线上不仅有重要建筑及坛庙，同时由南至北还存在一个桥的序列，包括天桥、正阳桥、外金水桥、内金水桥、万宁桥，而天桥正是这个桥的序列南端的起点。天桥地区在历史上有两处标志：一是石桥，一是明渠。石桥即天桥，明渠即龙须沟，前者为建筑标志，后者为地理标志。

　　天桥位于龙须沟之上，是沟通前门与永定门地区之间的桥梁。历史上，天桥曾经是北京的平民文化中心，蕴藏丰富的文化遗产，包含浓厚的人文内涵。根据历史记载，早期的天桥是一座单孔拱桥，桥面上设有4道栏杆，将桥面分为3部分。外边的2道栏杆为"八"字

复建后的天桥历史景观

形，中间的 2 道为直条形。栏杆每侧各有望柱 10 根，栏板 9 块，抱鼓石 2 块。栏杆与桥身为汉白玉，桥面两侧铺花岗岩，中间铺青石，是供天子行走的御道。在清代，御道两端设"辖禾木"，将中间的道路封闭，只有皇帝去天坛与先农坛祭祀或籍田之时，才将其撤走。天桥的弧度较大，可以把视线遮住，著名史学家、方志学家张次溪先生在《人民首都的天桥》中写道："若从桥南之处向北望，不见正阳门。同时，在桥北之尽处南望，亦不见永定门。"这就是天桥得名的原因。

历史上，天桥一带具有水乡风貌。清乾隆时期，曾经对河道进行疏浚，在两坛之外的隙地开挖池沼、植莲种柳。1919 年，翻修马路，对天桥进行了改建，拆除了中间的两道栏杆，降低了桥的弧度，将原来的穹隆形状改为平缓的坡度，以利行人通过。改造后的天桥据"京都市营造局"档案记载："桥面全宽 22.8 米，净宽 21.7 米，桥身长 11.3 米，全长 22.5 米。桥台是带燕翅形，拱券是半圆形，跨径 5.6 米。"1934 年，在展宽永定门至正阳门道路时，将天桥的上部结构拆除，桥洞埋于地下，天桥遂名存实亡。几经变迁，复建后的天桥在 2013 年底与公众见面。

龙须沟是北京外城中部的一条泄水沟。民间传说，正阳门是龙头，天桥是龙鼻，桥下的水沟是两条龙须。以天桥为界，西边的称西龙须沟，简称西沟；东边的称东龙须沟，简称东沟。天桥北部是前门商业区，繁华喧嚣；天桥南部是天坛与先农坛，寂静肃穆，在历史上人烟稀少。龙须沟西端是虎坊桥，虎坊桥北部是今天的南新华街，在历史上也是一条明沟，虎坊桥的南部是南下洼子；龙须沟的东端辟有水关与外城南部的护城河相连，积潴成泊，即今日的龙潭湖。龙须沟东段有金鱼池，每至雨季，附近的雨水大都汇集于此，经水关流到城外护城河。

龙须沟不仅排泄雨水，也是生活污水的集纳之地，因此 1929 年将龙须沟改为暗沟。沟底用青石板铺筑，沟帮用城砖砌筑，沟顶盖花岗岩石板，于上修筑道路；从虎坊桥至西经路的段落称永安路，附近明沟上曾经有永安桥，永安路至天桥西侧的称西沟旁大街，1965 年统称现今的地名。但是，工程只进行到天桥东一巷西口为止，原因是东段金鱼池一带，即东龙须沟的中间段落，民房稠密杂乱，拆迁困难。1950 年，将这一段的明沟改为暗沟，在暗沟上筑路，称龙须沟路。又在其南、天坛的北墙根下，修筑马路，称天坛路。

此外，在现在北京火车站的位置，有一条河叫"泡子河"，在元代是一条重要的河流，后来被填平修建了北京火车站。西城区的赵登禹路，下面也曾经是一条河。那里原来叫北沟沿，后改名白塔寺东街，元代曾是大都城金水河的故道。类似这样重要的河道遗址，如今恢复起来非常困难，毕竟很多地方已经成为交通干道，大部分还是交通主干道。其实，很多古河道的消失，并非完全是人为所致，水源的枯竭、历代城市的变迁等诸多原因，导致它们最终退出了历史舞台。

再现老城水景的历史风貌

为故宫换上"碧玉丝带"

中国古代城市选址建设和西方有一个非常大的不同之处，就是中国人认为：人和天地是一体的，天和人是相互感应的，要顺应自然。历史上，中国古代城市的选址需要进行"堪天舆地""相土尝水""调形理气"。堪天舆地，即堪观察天，舆考察地。从空气季风，到水文水质，再到地形地质，详细观察分析建筑基址和建筑环境。相土尝水，即勘察山川、地形、地貌、水源、季风气候、土壤情况、植被情况等。调形理气，即对选中的位置中不符合要求的要素进行调理改造。

明成祖朱棣营建北京宫殿的过程中，按照中国风水理论，在元代后宫正殿延春阁旧址上，巧妙地利用修筑紫禁城开挖护城河的泥土，以及拆除元代皇宫及城墙废弃的渣土，在紫禁城后面人工堆筑起一座土山，意在压制前朝的"风水"，所以这座土山在明朝前期称为"镇山"。明万历年间命名为"万岁山"，清顺治年间改名"景山"，成为北京城中"君临天下，皇权至上"极为鲜明的标志，使北京中轴线的内容更加丰富，把几千年来人们对城市设计的文化智慧、时空想象都集中体现在中轴线的创新与发展上，达到了中国古代都市设计的最高峰。

在古人的建筑风水观念中，"背山面水"是理想的居址环境。在北京城的营建中，调形理气体现得非常明显，皇宫北面的景山，不是自然的山，而是人工堆砌而成，成为紫禁城的靠山。所谓靠山，依据"青龙、白虎、朱雀、玄武，天之四灵，以正四方"之说，紫禁城之

故宫金水河（新华社图）

北乃是玄武之位，应当有山，于是在北京小平原上出现了这座异峰突起的土山。皇宫前面的金水河，不是自然的河，而是人工开挖而成，在南面引进河水，营造出山水环抱的格局，成为紫禁城内难得的面水。景山与金水河共同形成了紫禁城"背山面水"的格局。

所谓"面山"，景山不仅使皇宫建筑群，即紫禁城有座倚山，又增加了中轴线的重要节点，也是北京城市的制高点。古时山上嘉树葱郁，鹤鹿成群，中锋之顶设石刻御座，两株古松覆荫其上，有如华盖，为重阳节皇帝登高之所在。同时，冬天景山的高大山体可以挡住寒冷的西北风，为皇宫营造出温暖的小气候。显然这一举措不仅仅是为了处理开挖的河泥和废弃的土渣做出的权宜之计，而是实现营建紫禁城宫殿整体规划的一个不可或缺的组成部分。

清代在景山五座山峰上建造了五座亭式建筑，形成五峰东西并峙格局，而全城的几何中心则位于万岁山主峰，成为俯瞰紫禁城的最佳地点。尤其站在景山万春亭，清晰完整的北京中轴线和紫禁城建筑布局一览无遗。景山历经数百年沧桑，是我国古代哲学思想与建筑艺术的完美结合。1900 年，八国联军占领北京，景山受到严重破坏，景山五亭内的佛像有四尊被掠走，各殿陈设宝物也被洗劫一空。1933年冬，故宫博物院拟对景山五亭进行修复，委托中国营造学社进行勘查，梁思成先生通过实测拟订《修理故宫景山万春亭计划》，立即得到了故宫博物院方面的采纳。

所谓"面水"，即在紫禁城的南部，引入金水河。根据《大清一统志》记载："元时名金水河，以其自西门而入，故名。"由此可知，这条金水河始于元代，因为从西门进入皇宫，所以叫金水河。中国传统文化中有金木水火土之说，既是道家学说，也是哲学思想，还是对世界万物属性的一种概括。就方位来说，南方为火，北方为水，东方为木，西方为金，加上圆心，中间为土，构成方位上的五行。因为河水自西方而来，因此称为金水河，其源头来自京城西北的玉泉山。

金水河分为外金水河和内金水河。天安门前有外金水河。在元朝，金水河一直是独流入城，不得与其他水相混。在遇有其他水道的地方，都要架槽引水，横过其上，名为"跨河跳槽"，而且"金水河濯手有禁"，悬为明令。说明从元朝初年起，玉泉山诸泉之水已为皇家宫苑所独享。现今，金水河加固有白、灰石条夹杂垒砌的陡直河岸，河岸很高，河岸上齐堤岸顺河势筑有汉白玉护栏和望柱，在河水中倒映着蓝天、白云、陡岸、石栏，景观壮美。

内金水河像一条碧带，布局于故宫太和门广场，有人把它形容为玉带，称为玉带河。还有人称它为"一条镶着银边的弯弓"，因为它与真实的弓酷似，而且是东西对称分布。弓从西向西南弯，在五座金水桥处成直线，过金水桥向东北弯，再向东弯，弓背在南，引发联想的弓弦在北。金水河的曲线勾勒出的生动画面，在红墙黄瓦的古建筑群中宁静而神秘。中轴线就在五座金水桥正中的御桥桥面的中心，南对午门的御门御路中心，北对太和门中心。

远看太和门前的金水河，那张巨大的弯弓把午门与太和门之间的空间分隔成南北两半。内金水河中间的五座由精选的汉白玉石砌成的金水桥，把分开的广场连成一体。五座桥高低错落，集中而又疏朗。

通过精心设计的建筑空间的排列和组合，构造出一个最佳的景观序列，使人在移动中不论处于什么位置和角度，都能有效地欣赏优美的造型艺术构图，并在这种造型的有序变换中，由浅入深地体验到金水桥主体强烈的感染力，把平淡宁静的空间变得生动而富于变化。实际上，现在的金水河具有众多实用功能，包括美化环境、湿润空气、排水泄水，更是皇宫消防和施工用水的重要水源。

在北京中轴线的环境改善提升中，故宫周边的环境整治格外引人注目。故宫筒子河是古代紫禁城的护城河，由于历史原因，当时故宫筒子河及周围环境脏乱不堪，严重影响了故宫整体景观和城市生态环境。当时筒子河两侧有465条管道向河内排放污水，同时沿岸一些单位和居民将生活垃圾、工程渣土等倾入河内，有些地方已经堆积到了水面，影响了古建筑及河墙的维修保护。此外，筒子河内侧与故宫城墙之间，有一些单位及数百户居民，在狭窄的通道内堆满易燃物品，存在严重的火灾隐患，成为北京市中心区内一处危机四伏的死角。

故宫筒子河的状况，早已引起社会公众的强烈不满，进出故宫博物院的国内外观众不断提出批评建议，新闻媒体对此也频繁予以曝光，要求彻底进行治理。1997年春天，北京市文物局开展了故宫筒子河环境保护调研，随后北京市文物局、北京市规划局、北京日报社联合召集由故宫博物院、东城区政府、西城区政府、中山公园等单位参加的协调会议，大家一致同意发挥各自优势，开展故宫筒子河治理行动，并提出"把壮美的紫禁城完整地交给21世纪"的目标。

故宫筒子河的治理目标，一是迁出仍占用故宫古建筑的单位，消除故宫博物院的火险隐患，整治环境，扩大开放；二是配合故宫博物院搬迁筒子河内侧与故宫城墙之间的单位和居民；三是进行筒子河古建筑及河墙的抢险保护修缮；四是实施污水截流，彻底解决向故宫筒子河内排放污水的问题；五是开展筒子河清淤。经过努力，故宫筒子河整治工程达到了预期目标，成为一次有意义、有声势、有影响的文化遗产保护行动，既解决了长期以来未能解决的问题，也提高了社会公众保护世界文化遗产的意识和决心。

2014 年 9 月，故宫护城河再次进行清淤工程，这是自故宫筒子河完成综合治理以来，16 年后再次开展的环境整治行动，从深度达15 厘米的淤泥中，共清理出总量 10172 立方米的垃圾。淤泥里不仅有饮料瓶等日常垃圾，还有人们不慎掉落的手机和照相机等物品。清淤后持续3天放水，总补水量约25万立方米。2014年国庆节前，故宫筒子河再次呈现碧波荡漾的美丽景观。如今，无论春夏秋冬，每天从清晨到夜晚，总有众多的摄影爱好者把故宫角楼和故宫筒子河组成的绝佳景色拍摄下来，把得意的照片通过手机"朋友圈"传向世界各地！

2016年夏，近600岁的紫禁城，因京城连日大雨成为关注的焦点。特别是从7月19日凌晨至20日夜间，北京遭遇长达55个小时的降雨天气过程，是2016年入汛以来最强降雨；全市平均降雨212.6毫米，城区平均降雨274毫米，均超过了2012年"7·21"特大暴雨，为多年所罕见。雨后，媒体争相传播一组故宫雨景照片，不

故宫筒子河（新华社图）

仅展示了难得的"千龙吐水"场景，特别是大暴雨时故宫内地面未出现明显积水，更显示出故宫完善的排水系统和强大的排水能力。人们一方面感叹古人在营造建筑时的智慧与匠心，另一方面也赞美今人对保护遗产的执着与用心。

紫禁城建造之初，对排水系统进行了精准测量、精密设计和精细施工。京城北依燕山、东临渤海，地形北高南低，因此水向东南流。紫禁城的地面顺应北京地区地理环境，整体走势亦呈北高南低、中间高两边低，而且略有坡度。其中，紫禁城北门神武门地平标高 46.05 米，南门午门地平标高 44.28 米，竖向地平高差约 2 米，这一坡降为自然排水创造了有利条件，使积水能缓慢排泄。紫禁城内的排水沟渠全部通向内金水河。内金水河又与紫禁城城墙外侧 52 米宽的护城河相连，之后同周边的外金水河、中南海等水系相通，这些水系同时兼有排水功能。相对整个排水体系而言，紫禁城排水系统是北京城区排水系统的第一级，这是昔日皇家地位的体现。

内金水河河水从神武门西侧的水闸流入，经寿安宫西墙外，南至武英殿东折，经太和门、文渊阁前，至东华门内南侧的水闸流出，与外金水河汇合，即所谓"来自乾方，出自巽方"。由此可见，内金水河自西北向东南，流经大半个紫禁城，在紫禁城东南角流出，汇入护城河，护城河又与北京城水系相连，消纳紫禁城的雨水。在此基础上，紫禁城整个排水系统经过统筹规划，设计营造了主次分明、明暗结合的庞大人工排水网络，疏通各个宫殿院落的排水系统有干沟、支沟，有明沟、暗沟，有涵洞、流水沟眼等众多排水设施。

紫禁城内总的雨水走向，是东西方向的雨水汇流入南北干沟内，然后流入内金水河。紫禁城排水系统分为三类，分别是建筑排水、地表径流、地下暗沟。雨水降落时，一部分雨水落到建筑上，沿着建筑屋顶琉璃瓦落到地面，之后雨水会顺着明沟流到地下暗沟沟口，还有一部分雨水直接形成地表径流，顺地面坡度流入院落和房基四周的石

故宫的雨

"千龙吐水"

槽明沟，明沟若遇有台阶或建筑物，则从"沟眼"穿过，汇入暗沟。地下暗沟纵横交错、四通八达，雨水排入暗沟以后，再由支沟汇集到干沟，经干沟排入内金水河。历年固定时间淘挖养护，几百年来排水效果良好，无论雨量多大，并无积水之弊。

故宫前三殿的排水功能格外引人注目。太和殿、中和殿和保和殿前后排列，坐落在一个8米多高的"工"字形台基上，台基面积2.5万平方米，分为三层。在台基四周栏杆底部，有排水的孔洞，每根望柱下还有一个雕琢精美的石龙头，其口内为凿通的圆孔，也是主要的排水口。三层台基共有龙头1142个。雨水逐层下落，使得台面无积水。台基底部的石龙头也称螭首，是用于须弥座转角处和望柱外缘之下的排水构建。从螭首龙头孔中流水，在大雨时如白练，小雨时如冰柱，在暴雨时，会呈现"千龙吐水"的景象，蔚为壮观。

故宫的防洪排水系统已经经历了约600年的时间，历朝历代都有一些改建和维修，需要经常研究其目前的功能状况。近年来，故宫博物院启动了故宫排水系统专项课题研究，为故宫排水系统的科学管理和利用打下科学研究的基础。每次降雨过程都是发现问题的最好时机，故宫博物院利用雨季，投入专业人员，到现场记录排水情况，绘制并汇总全院积水点分布图。根据分布图更为全面深入地分析积水原因，研究综合解决方法。

故宫排水系统专项课题研究中，故宫博物院专家通过实地走访调查研究，发现部分区域原有的古代排水系统，经过不同朝代叠加的建设活动，而有所损坏或难以发挥原有功能，就此提出修复方案，进行功能恢复。但是总体来看，经过重新修建的部分比例很小，主要在原来没有排水系统的位置修建了新的排水管线，占总量不到 10%，且大多位于故宫的边缘地带。因此可以说，目前故宫的排水系统基本是采用了原有的古代排水系统。

如今，面对新的气候特征，特别是全球气候变化，使建造于古代的故宫排水设施面临新的挑战。因此，古代排水系统能否满足当前的雨水量排放，成为重点监测和研究的问题。现在故宫的排水系统研究除了众所周知的排水渠道外，还计划对故宫区域内不同类型地面铺装的渗水、滞水和透水能力进行研究，最终评估其绿色排水设施的排水能力（海绵能力）；这样，可以有助于我们对故宫整体排水能力有全面科学的认识，同时也可以为海绵城市的相关研究提供数据支持。

故宫的排水系统十分庞大，仅保留至今的古代雨水沟的长度就超过 15 千米，其中暗沟的长度将近 13 千米。因此，故宫博物院将排水系统分成几个区域，按区域制订集中清理计划，逐区开展，在 4 ~ 5 年间完成一次全院的排水系统的集中清理工作。同时，在每年雨季以后，及时总结当年雨季的排水情况，发现存在问题，分析产生原因，寻求解决方案，制订第二年排水系统的维修和保养计划，并在第二年雨季前完成相关的维修和保养工作。

排水系统的正常运转既要有合理的设计，更需要全身心投入的日常维护。例如，针对有的河帮产生鼓胀和移位，有的排水沟出现局部坍塌的问题，要及时制订方案，实施修砌，保障河水顺利通过。针对有的雨水沟塞满淤泥或杂物，导致排水能力下降，需要及时清除栏板下、螭首中、排水孔内的堵塞物。由于古代的栏板和螭首都已年代久远，在清理过程中产生震动可能导致螭首的断裂，因此不能用坚硬的工具进行疏通，只能用竹签一点一点地清理，这项工作需要足够的耐心和细致才能持续开展。

古代排水系统与现代排水系统相结合，主要在于内金水河水位的调节。每当雨季开始之前，故宫博物院都要做好充分的准备，一是制订防洪预案，专职人员到位，预备疏通工具到位，以便随时到岗排除堵点，随时保证开闸放水；二是与北京市城市河湖管理处建立紧密联系，保证信息畅通，在雨季随时监察内金水河水位，通过开闸放水的方式，适时调节内金水河水量水位，共同保证排水系统的正常运转。总之，故宫排水系统沉淀着世代传承的"工匠精神"，在"天时地利人和"的综合作用下，造就了今天强大的排水防灾功能。

昔日皇城还有东西两条水系。西侧水系即金水河，由地安门外西步梁桥入皇城，注入西苑三海。其有两条分支：北由北海先蚕坛东出苑墙，经板桥及景山西门，环绕紫禁城；南由南海东出苑墙，经织女桥由天安门前外金水桥下流过，经长安左门北的菖蒲河，与紫禁城的内金水河汇合。现代金水河系的大部分景观与建构，包括内外金水河和西苑三海仍然完好。东侧水系即玉河，明代时为漕运通道。其水出什刹海，由地安门外东步梁桥入皇城，经东板桥至北箭亭折而南，再经北河沿、南河沿，至堂子之西，皇城东南隅，与金水河汇合再入护城河。

另外，还有位于天安门金水河下游的菖蒲河。天安门前的金水河源于西山玉泉山，流经高粱河、积水潭、中南海，过金水桥，进入菖蒲河。菖蒲河是明清皇城中外金水河的东段，因河中生长的菖蒲而得名，既是西苑三海的出水道，也是紫禁城筒子河向南穿过太庙的出水道，全长510米。但是菖蒲河一度被改成了暗沟，2002年河道两侧居民全部搬迁，考古发掘出菖蒲河故道，之后恢复了水面，并作为菖蒲河公园对公众开放。不过，虽然玉河和菖蒲河已经打开了，但是大部分北京城曾经的水面，都已不复存在或者成为暗沟，难以重见天日。

故宫内外的"碧玉丝带"的环境经过多年的保护、维护、治理、综合整治的过程，已经取得很好的效果，目前有待整体一步步更好地恢复。

三里河再现"水穿街巷"

据专家考证，在元代已有三里河，当时的名称为文明河，位于大都城的丽正门与文明门之间。丽正门明代改为正阳门，文明门则是明代崇文门的前身。文明河在元代有两个重要作用：一个是漕运，它连通着大运河把南方的粮米不断运到大都城的南大门；另一个是疏导护城河的水流。在明代，文明河的位置和流向没有很大变化，北接护城河，并引护城河水向东南流入芦草园，到北桥湾经三里河桥下向东流经薛家湾、水道子、河泊厂、南河漕等地，再转向东南经八里河、十里河，流向张家湾烟墩港，并入通惠河。

前门大街东侧的"三里河"，因距正阳门三里而得名。据《明史·河渠志》记载："城南三里河旧无河源，正统间修城壕，恐雨水多溢，乃穿正阳桥东南洼下地，开壕口以泄之，始有三里河名。"公元1437年，作为南城的泄洪渠，出现了三里河水系。明代三里河流域河道纵横，居民沿河而居，戏楼、会馆聚集于此，颇具江南水乡韵致，对前门地区居民生活、市井文化、城市肌理的形成，产生了很大影响。明代后期，三里河虽然已经干涸，但是河道还在，低洼处仍有积水。到了清末，新的泄洪通道形成，随着人口增加，三里河逐渐被填平，并最终消失。

2016年8月，三里河绿化景观项目启动，全长约900米。历时8个月，安置居民480户，先后完成9条胡同环境整治、河道沿线文物和房屋修缮、景观配套设施完善等工作。以三里河水系景观修复为依托，突出历史、人文、生态、艺术的特点，增加绿色空间，再现老城历史风貌。同时，依据历史的河道位置和走向进行还原，将街巷胡同、四合院建筑与自然环境渗透融合，充分展现胡同、院落与三里河"水穿街巷""庭院人家"的美好意境。2017年4月，这条充满南城记忆、穿过街巷宅院的生态古河，又重新回到了人们的视线中，尊重历史、传承文脉，为北京的老胡同赋予了新内涵、焕发了新生机。

在绿化方面，将三里河地区原生态的大树基本保留了下来，例如，几个湖心岛中间保留了原本居民院里的百年古榆树、古香椿树；

修复后的三里河

河边散落放置的石磨盘也都是河道整治时从地下挖出来的实物，还有一些老砖、门墩、木材、石料，全部保留下来；游客脚下的石板，也都是用老旧石料铺就而成。在对三里河的河道进行复原整治时，为了保护长春别墅、丰城会馆等历史文物，有的河道刻意对文物进行了避让。恢复历史文化的文脉，留下各个时期有价值的历史印记，保护历史传承的记忆。

三里河是一条自循环景观河。为保障水质始终清澈、透明度高，采用生物活性炭滤层、生态浮岛、曝气增氧等设计，去除污染物，保持水质状态，实现水体无色、无异味、无杂质。同时，河道中喷水的涌泉与河里种植的莲花等水生植物，既能造景，也能对水质起到净化作用。海绵城市理念也被引入三里河项目之中。河道建了三处大型地下蓄水池，表面上看只是景观平台，地下的蓄水池收集的雨水经消毒、过滤后，可以用来补充河水，只要一年当中下 3 场比较大的雨，就足够三里河自行补水一年。

2018 年 10 月，故宫博物院、世茂集团、天街集团三方签署协议，充分利用各自资源优势，共同建设"故宫艺术馆"项目，与三里河景观及周边区域整合，不断创新文化传播的表现形式和表达方式，让文物的故事以公众喜闻乐见的形式，深入人心，走进人们的生活。当人们驻足或行进在三里河水系和绿化景观时，能够惊喜地欣赏到故宫展览，构成历史与今天对话的经典情境。实际上，三里河景观公园本身就已经成为一处露天博物馆区，地域传统文化再度走进人们的生活，流淌着城市的血脉，诉说着历史的沧桑，延续着地区的故事。

2020 年 10 月 26 日，《我是规划师》节目组来到三里河。一大早这里已经开始热闹起来，自从三里河公园建成开放，住在这里的居民幸福指数明显提升。通过观赏三里河，人们可以了解代表护城河水系、防洪水系的北京护城河前世，回顾北京护城河水系的历史面貌，感受三里河恢复后的水畔新生，以及内城护城河现状。三里河通过改善流域生态环境，恢复历史水系，提高滨水空间品质，为市民提供了一处有历史感和文化魅力的滨水开敞空间。

新修复的三里河再现了几百年前"水穿街巷"的景观。全长 600 米的已修复河道，跨河的小桥就有多种，木板的、树桩的、石板的、

考察三里河（周高亮摄）

石块垒砌的；有护栏的、无护栏的；护栏是平直的、曲线形的，小巧而多趣。流水或直或弯，或静谧或跌宕，鲜花、绿草、茂树、奇石相簇相伴，水畔或亭或廊或藤架或特色小屋，沿岸更多的是老宅、古巷、四合院，"小河穿街流，水润老胡同"，这样风景优美的老胡同，有了鲜活的生命形态和自然情趣。开放的三里河滨水空间和水畔民居成为一个整体，实现了公园城市建设，让空间中所有的民房、古建筑、树木都像是从公园里长出来的一样。

三里河流经香厂东面的金鱼池，历史上也是一片水塘，占地百余亩，养鱼百余池。明代《帝京景物略》中描述这里："居人界而塘之，柳垂覆之，岁种金鱼以为业。"民国时期，金鱼池与龙须沟成为污浊之地。中华人民共和国成立后，1952 年对金鱼池一带进行治理，以金鱼池为中心，整修为可以养鱼和划船的公园。1965 年将金鱼池填平建简易居民楼。2001 年进行危改，建设金鱼池小区，同时拓建道路，将金鱼池东岸辟为金鱼池东街，往西是金鱼池西街，中部为金鱼池中街。很多金鱼池老住户依然对 20 年前喜握回迁金钥匙的盛况记忆犹新。这里老街坊说："每年的回迁纪念日，我们金鱼池百姓都特别期待，放养金鱼已成为一种小小的仪式。"①

---

① 胡铁湘，李瑶 . 金鱼池小区今年启动改造提升 . 北京日报，2022-04-19.

把失踪的城市历史找回来

玉河的变迁

　　玉河，是北京城内历史上的一条重要水系，它与北京城的形成、发展有着密不可分的关系。玉河由什刹海，经过今东不压桥胡同流入皇城，再从皇城根南侧流出，经过台基厂二条、船板胡同出城，进入通惠河的水道。流经皇城内外的玉河，是元代在大都城内开凿的一条重要的漕运水道，也发挥着为城市供水、排水的功能。历史上在玉河流经的皇城内外分布众多的寺庙、府邸、商家店铺、四合院民居等，构成了一道具有老北京特色的古典园林、皇宫府第、百姓民居相互交融的历史风景线。

　　明初，北京城北城墙南移，漕粮水道东移城外，玉河及积水潭等原有河道及周围环境发生了很大变化。明代皇城墙向东移到了今天皇城根遗址公园内展示墙的位置，河道也从东向西有所改道，大概位置就是目前人行便道附近。玉河被皇城北墙从东不压桥附近截开，东不压桥以南部分被圈入皇城内，玉河南段流入皇城内的皇家禁地，绕皇城根南流与金水河相汇，是一派红墙绿树、小桥庭院的皇家气派。由于这段运河专门为皇城供给粮食和物资，被老百姓叫成了"御河"，取御用之河的意思。

除了河道改造这道硬伤，水源的枯竭也导致整个通惠河水系的逐渐衰落。明朝初年，作为通惠河水源地的白浮泉枯竭，水源断流。此时的通惠河上已经不能行舟，因此从通州以南张家湾运河码头到北京城，主要全靠陆运。明正统三年（1438），建成大通桥闸，由此通惠河正式分为玉河段和大通河段。玉河作为运河的功能虽然已经消失，但是由于很多官署机构、达官贵族府邸沿河而建，再加上其仍具有供排水功能，并作为通惠河水源之一，以后各代不时对玉河堤岸及桥梁进行维修，对河道进行疏浚。

由此可见，明代玉河是皇城内重要供水支流，也是皇城内的一道风景。虽然在明代有多次疏通通惠河的建议，但是因为水源有限，都没有达到预期的效果。侯仁之先生认为：其实并非天然地势所限，而是因为水源缺乏，明代不从开源着想，单从疏导下游用力，所以导致郭守敬修建的这段运河河道再也没能通航。到清代，皇城的皇家禁地被打破，几乎已被北京老百姓遗忘的玉河南段，早已退出了京城运河水系。之后，在南、北河沿逐渐形成民居宅院，成为百姓生活居住的地区，在河道两侧分布有药王庙、玉河庵及数十条胡同街巷。

从此，玉河从历史上的漕运水道逐渐变成市内景色秀丽、寺庙民居环绕的风景胜地。玉河内流水清澈见底，两岸古槐浓郁，不少的高官贵族汇集于此，但是更多的还是沿河而居的平民百姓；河道两侧逐渐形成了许多或横平竖直或弯弯曲曲的小街小巷，与自然和谐相处的生活环境，成为京城内一处有着浓厚市井民俗的区域。当年，玉河沿岸和积水潭周围分布着众多寺庙、店铺、商肆、作坊，贸易发达。由于地处皇宫一侧，人文活动频繁，聚集于此的文人名士留下了很多著名的诗篇颂扬通惠河的宏伟规模、反映通惠河流域及周围环境的繁荣景象。

但是，玉河特有的历史区域传统环境，经清末和民国时期逐渐衰落。民国以后，皇城城墙被拆除，由于玉河水量日益减少，逐渐淤塞

玉河沿岸的寺庙

不堪，开始自南向北将部分玉河改为暗沟，至此河道逐渐废弃填平，被马路所覆盖，船闸遗迹也难觅其踪。1924年，自前三门护城河南水关到东长安街改成了暗沟，上面填平植树，两岸修路，东岸称正义路，西岸称兴国路。后来又将两路中间辟为街心公园，两路统称正义路。1931年，自东长安街到东安桥也改成了暗沟。现在人们只能从"北河沿""南河沿""船板胡同"这样的地名才能看出北京城内曾经的漕运盛景。

1953年，修建了四海下水道，玉河在东不压桥被截断，只留有直径50厘米的倒虹吸管，当作什刹海防水冲刷下游河道之用。由于经常排放污水，卫生条件较差，1955年开始施工将玉河全线改为暗沟，工程于1956年11月竣工。至此，玉河整条河道均被盖板遮住，铺设排水管线，彻底成为地下暗河。在玉河故道遗址之上，很快一座座民房搭建了起来，逐步形成了未经统一规划的居民区，再也看不到古代河道的痕迹。此后，随着现代化城市的供水、排水方式的改变，自积水潭南流700余年的玉河被埋在了民房之下，在北京的地图里、人们的视线中逐渐消失，成为活在史书中的传说……

由于这些搭建在玉河故道和堤岸上的房屋，除院落布局无规则外，很多基础不实，质量普遍较差，加上多年失修和居住人口的骤增，已成为破旧、拥挤、生活条件恶劣的区域。据统计，在玉河故道所建的各类房屋600余间，住户达400余户。近年来，北京市开始对皇城北部历史上的玉河水系故道进行整治，改善这一区域的环境。在搬迁占压河道的住户后，又拆除了全部杂乱建筑，清除了填埋河道的渣土，重现河道的历史遗迹，显露出历史上的玉河故道及泊岸，恢复和展示了玉河形成的历史内涵。

目前，北京的南、北河沿大街笔直的街面下边就是元代和明代时期的玉河故道。对此，北京市规划部门也是多次调研，查找古代的资料。实际上，元代和明代时期的城墙位置有所不同，元代的河道靠近马路的东侧，因为西侧是元代的皇城东城墙，在《元史·赵孟𫖯传》还记载了一段有趣的故事，"行东御墙外，道险，孟𫖯马跌坠于河。桑哥闻之，言于帝，移筑御墙稍西二丈许"。说的是元代皇城东墙与水道之间的道路过于狭窄，以至于大书法家赵孟𫖯骑马经过时，不小心坠入河中。忽必烈听闻此事竟下令将城墙向西移了两丈多。

探察玉河

2020 年 11 月 28 日，《我是规划师》节目组一行来到玉河遗址。这里是玉河考古发掘的遗址集中保护区域，因为挖掘出土了大量珍贵的河道遗迹，出现了多层文物叠加，既有元代的河道，也有明代的水兽。为了保护这些文化遗址，经过多次论证与研讨，玉河恢复后这个区域没有急于恢复水面，而是把遗迹直接呈现在社会公众面前，充分展示了元、明、清三朝的河道遗址，从平安大街上就可以直接看到。实际上，我们进入遗址后脚下的地面是经过重新铺装的，真正的清代河底已经被保护起来。而上游注入水的河道，也已经做了回填保护，

只是在保护层上面展示清代河道的水面。如果注入水的话，同样作为玉河遗址中重要发现的澄清中闸，就难以看到。

我们来到了玉河庵，这是一座在清代出现的尼姑庵，就名称来看是专门为玉河所造，完全叠压在了明代的东泊岸上。在《乾隆京城全图》上，可以清楚地看到玉河庵所在的位置，就在东不压桥引桥北侧。东不压桥的桥面早已不复存在，在玉河河道整治修复之前，玉河庵也几乎只剩下斑驳的墙面和几根柱子，与南侧搭建的游戏厅连在一起，已经难辨面貌。在考古挖掘中，专家们发现了一块刻着《清重修玉河庵碑记》的石碑，碑身和碑首分两次发掘出土，额题"玉河庵碑"四个字，嘉庆十三年（1808）九月立。这块石碑清晰地证

玉河遗址博物馆外一角

明：昔日的玉河庵，就在此处。通过碑上记载的文字才认定了玉河是"玉"而非"御"。

调研中，一些年轻人正坐在清代玉河庵前的观景台上观看玉河遗址全貌，在这里还可以观赏到砖石花草间的元代澄清中闸。目前，通过文献考证，在考古遗址的基础上，基本按照历史记载对玉河庵进行了整体复建，成为现在的玉河遗址博物馆。作为大运河文化的展示空间，同时还赋予了这处空间新的功能，包括书吧、咖啡厅、共享空间，这些都让玉河庵成为一种"活态"的文明，与现代城市融合共生。

玉河庵的西侧就是东不压桥，连接玉河两岸，也是水道南边的尽头。我们进入玉河庵院内，玉河庵内有春风书院，书院内正在举办学术讲座，正在演讲的是北京市文物研究所第三研究室主任张中华，他的讲座内容是《玉河遗址的前世今生》。我们进入课堂，坐在后排听他分享了玉河考古的故事，以及玉河重要的历史价值。张中华主任骄傲地说，他就是在这里为世界遗产组织评估专家讲解了玉河遗址的发掘过程及保护措施，当时又紧张又兴奋，能够为大运河申报世界遗产做出贡献，感到特别荣幸。

据张中华主任介绍，20世纪末，一些古老的瓷片和石块相继在这里被发现，让考古专家找到了消失近百年的玉河线索。1998年4月，在平安大街施工过程中，工人们在东吉祥胡同北口发现了古代城砖砌筑的河堤。从河堤遗址可以看出，河道为西北至东南走向，宽6米，距地表深约6米，底部铺有石条。初步断定，此处正是靠近东不

与张中华主任在交流（周高亮摄）

压桥南侧的玉河堤岸。这是一个不寻常的发现，很快文物专家就对这处遗址进行了挖掘，挖掘出土了作为玉河存在重要证据的镇水兽。恢复玉河北侧河道，被列入 2002 年颁布的《北京历史文化名城保护规划》之中，在恢复河道之前，首先要完成的是玉河遗址的考古。

根据《北京玉河——2007 年度考古发掘报告》中的确切描述，这次发掘的玉河遗址，通过北京城中轴线上的万宁桥与什刹海相连，有考古专家把玉河遗址考古区域分为 A、B、C 三个区域。最重要的两处发现是东不压桥、玉河庵两座遗址。《北京玉河——2007 年度考古发掘报告》中记述，考古专家们在碎砖、瓦片、水泥块、顶制板和大量瓷片中，挖掘出土了东不压桥桥基及其燕翅桥梁靠桥基两侧部分遗存、河道遗存、玉河庵山门及东配殿的基址，此外还出土了银锭锁、瓦当、玉河庵碑和瓷片等。至此，这段玉河的轮廓慢慢清晰了起来。

东不压桥建于明永乐十八年（1420），是一座东西向的石桥，位置就在东不压桥胡同的南口外，在原来地安门大街街心稍偏南的地方。实际上，在地安门西大街北海北口稍东位置，有一座同样、同名、同一功能的石桥，所以人们分别把这两座桥称为东不压桥和西不压桥。在民国初年拆皇城时，这两座桥一并拆除。20 世纪 50 年代，河道改为暗沟，辟成胡同，称原来河道的南北方向段为东不压桥胡同，桥已经消失，但是名字却保存了下来。

伴随着发掘工作的展开，越来越多的考古发现不断刷新以往对于玉河历史价值的认知。例如，对于东不压桥目前只发掘了一部分，所见大部分遗址是明朝的桥面构建，西引桥长 20.75 米，东引桥已发掘

15.75 米，桥面最宽处 10.5 米，最窄处 6.5 米。桥拱发掘部分宽 9.25 米，跨径 5.6 米，桥总长推测 47.1 米，西南—东北向，中间窄、两头宽。这座桥历经了元、明、清三朝，元朝叫丙寅桥，明朝叫布粮桥，清朝因为早在明朝玉河就被划入内城，这座桥被压在了城墙之下，得名东不压桥。

玉河的河道修建于元代，在明、清两代都有多次修葺，河面的宽度在每个时期都不相同。如今要恢复到哪个年代的玉河，是一个棘手的问题。按照历史资料描述，初建成时的玉河宽 30 多米，是一条很宽阔的河流，如果按照那时的河面宽度设计，后代河堤两岸的建筑就都将被拆除，既不现实，也没有必要。按照《乾隆京城全图》显示，玉河河岸的高低、宽窄都标示得很明晰，也比较容易考证当时河岸建筑的产权归属，清朝中期的玉河河道宽 15 米左右，如果恢复到乾隆年间的玉河河道宽度，不会影响到两边的四合院，可行性比较强。基于这两个原因，最终选择恢复乾隆年间的玉河河道。

玉河风貌修复工程具有重要的历史价值和现实意义。一是部分恢复了北京城历史水系，有利于增加市中心河道排泄能力和改善城市中心水系的水质，增加了北京老城的水域面积；二是沟通了皇城根遗址公园和菖蒲河公园，将东皇城的轮廓勾勒出来，是对北京市皇城保护规划和中轴线景观规划的实现和补充；三是考虑到了对原有历史风貌的保护，特别是保护了一些重要的历史遗存，恢复了古河道和三座古桥，保护了原有的胡同肌理、古寺庙及许多有价值的院落；四是采用有机更新的方式，保护了原有的规划格局并修复了建筑风貌，在建筑

菖蒲河公园

尺度、功能设计方面满足了现代人生活的需要；五是河道两旁的景观设计能够从单纯的园林观念中解放出来，站在城市的角度进行景观设计，美化了环境，为民众新增了一个休憩和户外活动场所；六是绿化景观设计朴素、大方，避免了人工造景的感觉；七是此项工程的实施有利于南锣鼓巷地区历史文化街区的保护，有利于改善中心城区的环境和生态质量。

在张中华主任的引领下，我们进入河道遗址核心区。下到河底，最直接的感受是河道的深度，我们脚下的水平面是清代河床底部，元代和明代时期要比现在还要再向下深5～7米。元代底部先打满木桩作为地钉，其上铺砌一层青石条。青石条上再铺砌1～2层青石条，这些石条大小不同、长短不一、厚度不均。然后再在石条上砌七层城砖，城砖上面铺砌两层宽 1 ~ 1.05 米的石条，河底的这些建构布局可以防止水土流失，确保水底的清洁，保障船只顺利通行。

随着玉河漕运功能的衰退，明清时期的河底建造工艺明显要比元代时略微粗简，石条的层数减少，木桩做的地钉之间距离拉大，由此可以看到元、明、清三朝的漕运能力。在现场，还可以看到在玉河遗址范围还有一些明清时期的排水沟，当年也是作为城市的市政排水管道注入玉河里，证明明清时期漕运能力减弱，水面缩减，对于玉河水质的要求也越来越低。玉河遗址是对一座城市永久铭刻的印记，在北京的历史遗迹遗址中，水利遗址的发掘非常重要，这些遗址是城市的灵魂，是对后世具有展示和教育功能的实体。我们看到，在现今不但有北京市民前来观赏"水穿街巷"的城市景观，也有越来越多外地的朋友慕名而来。

推动玉河南北段保护

目前，为再现玉河故道的原貌，要把河道填埋物的清理与考古发掘相结合。运用科学的考古发掘方式，首先，确定河道堤岸的准确位置和历史遗迹，在几个重要地段，通过开展大面积的考古发掘，确定玉河在元、明、清各时代的宽度和泊岸的工程做法及时代变化；其次，集中发掘清理著名的东不压桥遗址和皇城北城墙遗址，寻找和发掘元代文献中记载的澄清闸遗址，保护好残存的河闸遗迹等，在开放的玉河遗址公园中保护和展示发掘出土的各类建筑遗迹。

自明朝开始，玉河从什刹海前海东端出水口起，经万宁桥后，先后经过今天的东不压桥胡同、东板桥胡同、北河沿胡同、北河沿大街、南河沿大街、正义路，最终流入北京内城南护城河。一般称万宁桥到东不压桥这一段为"玉河北段"，进入皇宫城墙内的一段为"玉河南段"。作为北京水系内城重点运河河道的逐步恢复，玉河北段经过考古发掘恢复河道，将其历史信息进行保护与展示，目前，除了看到的万宁桥到平安大街的段落，平安大街以南的河道，即玉河南段也在逐步进行恢复，并因地制宜地保护展示。

2014 年，开始进行玉河南段的考古，由于发掘有效河道较为有限，重点的遗址就是靠近北河沿大街的澄清下闸。玉河南段目前看到

玉河遗址

的这片水域，是依据一些点状的考古遗迹和河道在现阶段建造的一处大运河露天博物馆，有一些滨水空间提供给周边民众用于亲水体验；再有就是建造了大运河文化墙，将中国大运河及沿河文化制作成景观墙进行展示，传播有关大运河、通惠河、玉河，以及沿线35座城市的大运河文化内容。同时，等待考古工作者开展对这段地下河道进行考古发掘，创造条件继续向南延伸。

此外，要保护好玉河两侧的文物保护单位，就要保持其传统格局的完整性。据现场调查，在此项工程范围内，分布有普查登记的文物保护单位5处，如华严寺、火神庙、玉河庵等，还发现保存现状较好并具有保留价值的传统四合院建筑18处。这些珍贵的传统四合院都应原地原状加以保留，经过环境整治和修复保护后，可与这一区域的寺庙、胡同、传统民居，共同再现玉河两岸的民俗文化与风貌特色。

玉河两岸的建筑风格应与两侧历史街区的胡同街巷紧密结合。在玉河故道上的杂乱建筑拆除后，两岸新恢复的临水建筑是玉河景观建筑的第一个层面，这类传统建筑的形制与格局，应充分考虑到历史上皇城内外的区域差别，尽量恢复和保持不同区域传统建筑的风貌特点。从两侧再向外延伸并与之相连的众多胡同、街巷及四合院建筑，则是玉河两岸景观建筑的第二个层面。在规划建设上，要保持两个层面建筑的和谐与联系，使玉河两岸新恢复的景观建筑与两侧的历史街区在形制上有机结合，使玉河两岸分布的文物古迹、文化遗存和各类传统建筑构成一个个既有着凝重的立体感、又有着丰富层面的北京文化景观系列。

玉河边的绿化景观

　　在大运河北京段还保留下来了众多古桥，西边有银锭桥、万宁桥，过了东不压桥，往东往南有大通桥，再往东还有八里桥。因河道水量丰沛、支流河道繁多，自然连通的跨河桥梁就随之增多，北京知名的古桥就有数十座。前不久，在对大运河北京段的保护与恢复中，又有一座桥正在逐渐通过发掘回到人们的视野，即西板桥。说到西板桥，又可以串联起一条内城重要的河道，为明代以来内金水河水系的历史面貌提供新的实物资料，对于丰富大运河文化带、老城及中轴线文化内涵具有重要作用。

　　伴随着人们对大运河文化带保护、求知意识的提高，大运河北京段考古还将继续，文物部门对于玉河南段已经列入继续考古的计划。其中，玉河南段发掘出重要遗址澄清下闸，从平安大街到澄清下闸仅有260多米的距离。澄清下闸的功能，就是在玉河澄清中闸之间形成一个"闸室"。很多水利专家都提到过大运河进京，逆水而行，而两闸之间的截水行船距离，就是这个闸室的距离。按照大运河行驶的漕运船只，这个闸室里面可以一次性停泊几条船，通过水位缓步提升进入积水潭。

我专门走访过大运河上的一些水闸，了解到由于北京小平原的地理特点是西北高、东南低，因此通惠河的漕运不得不逆流而上，从西北的白浮泉到通州的大运河，整条河水落差不大，所以当时通过建造24道水闸来调节水位，截水、放水的过程，就像船只在水里上台阶，一步一步地缓缓升高，从下游进入上游，即所谓"截水行船"。现今，除了玉河上的澄清上闸、中闸、下闸得以保护下来，长河上的广源闸上闸、下闸，通惠河高碑店段落的平津闸，也都原址保留了遗迹，这些都成为大运河北京段申报世界文化遗产的重要组成部分，提高了北京大运河文脉的历史价值。总之，在大运河申报世界文化遗产的过程中，对河道周边码头、泊岸、河堤、古桥、会馆、寺庙等，都有十分明确的遗址范围和发掘保护。

通过对通惠河玉河前世今生的展示，人们可以了解北京运河历史，探访北京内城运河水系现状，关注玉河风貌区保护利用与内城运河水系的未来发展。今天，应该把城市考古作为一项重大文化工程来对待，以科学而系统的考古工作把失踪的城市历史寻找回来，使北京3000多年建城史、800多年建都史得到科学的实证，无愧于其世界著名历史文化名城的地位。

建构绿色生态城市

逐步恢复京城河湖水系

我国是世界上河流最多的国家之一，独特的自然环境孕育了灿烂悠久的中华文明。中华民族历来尊重自然、热爱自然、顺应自然，绵延5000多年的中华文明坚持天地人相统一、自然生态与人类文明相融合，创造性地利用自然，孕育了丰富的生态文化，赋予了大自然厚重的文化价值和磅礴的精神力量。

然而，北京是一个特大型缺水城市，随着经济、社会、人口的不断增长，水的压力越来越大。此外，1999年至2011年，北京遭遇连续干旱，为保障供水，从1999年起北京年均超采地下水5亿立方米，并从河北调水3亿立方米。至2014年已超采50亿～60亿立方米地下水。连年的超采造成地下水位迅速下降，截至 2014 年初，北京市平原区地下水平均埋深 24.5 米，与前一年同期相比地下水位下降 0.3 米，地下水储量减少 1.5 亿立方米；与超采前的 1998 年同期相比，地下水位下降 12.83 米，地下水储量减少 65 亿立方米。

此外，北京地下已经形成面积约 1000 平方千米的地下水降落漏斗区。漏斗中心位于朝阳区的黄港、长店至顺义的米各庄一带。以 2012 年为例，北京用水缺口保守统计在 11 亿立方米左右。因此，南水北调工程为缓解北京供水压力起到巨大作用。南水北调工程每年向北京供水 10.5 亿立方米，不但替代了怀柔、平谷、昌平等地的应急水源地，还替代了城区的自备井，从而涵养北京的地下水。但是，水资源自然禀赋不足、严重短缺是北京需长期面对的基本市情水情，南水北调江水进京也很难彻底改变北京水资源相对短缺的定位①。

2002 年出台的《北京历史文化名城保护规划》中就提出要"重点保护与北京城市历史沿革密切相关的河湖水系，部分恢复具有重要历史价值的河湖水面，使市区河湖形成一个完整的系统"。此后，逐渐恢复了一些京城水系历史景观，如 2002 年落成的菖蒲河公园、2011 年恢复的玉河遗址公园、2017 年重塑的三里河景观公园。规划还提出将玉河上段，即什刹海——平安大街段予以恢复，这就是北京玉河历史文化恢复工程。在《北京城市总体规划（2016 年—2035 年）》中特别强调构建全覆盖、更完善的历史文化名城保护体系。内容包括

---

① 邓琦，饶沛 . 市水务局：北京地下水超采 15 年 . 新京报，2014-04-26.

如下几个方面。

一是提出老城整体保护，"恢复历史河湖水系。保护和恢复重要历史水系，形成六海映日月、八水绕京华的宜人景观，为市民提供有历史感和文化魅力的滨水开敞空间。六海包括北海、中海、南海、西海、后海、什刹海（前海）。八水包括通惠河（含玉河）、北护城河、南护城河、筒子河、金水河、前三门护城河、长河、莲花河"。

二是提出"推进大运河文化带、长城文化带、西山永定河文化带的保护利用"。"加强世界遗产和文物、历史建筑和工业遗产、历史文化街区和特色地区、名镇名村和传统村落、风景名胜区、历史河湖水系和水文化遗产、山水格局和城址遗存、古树名木、非物质文化遗产九个方面的文化遗产保护传承与合理利用"。

三是提出推进中心城区功能疏解提升，"通过腾退还绿、疏解建绿、见缝插绿等途径，增加公园绿地、小微绿地、活动广场，为人民群众提供更多游憩场所"。"构建由水体、滨水绿化廊道、滨水空间共同组成的蓝网系统。通过改善流域生态环境，恢复历史水系，提高滨水空间品质，将蓝网建设成为服务市民生活、展现城市历史与现代魅力的亮丽风景线"。

2014年2月25日，习近平总书记考察北京市工作时指出，历史文化是城市的灵魂，要像爱惜自己的生命一样保护好城市历史文化遗产。北京是世界著名古都，丰富的历史文化遗产是一张金名片，传承保护好这份宝贵的历史文化遗产是首都的职责；要本着对历史负责、对人民负责的精神，传承历史文脉，处理好城市改造开发和历史文遗产保护利用的关系，切实做到在保护中发展、在发展中保护。

京城水系具有生态、观赏、文化、经济和科学价值，所承载的景观具有文化多样性。在实施南水北调、引黄济京等调水工程，以及建设通州副中心、雄安新区非首都功能疏解集中承载地的基础上，根据京津冀协同发展，推动环首都地区生态共治，划定5万平方千米的燕山水源涵养区，严格保护密云水库、怀柔水库、京密引水渠、永定河山峡段等水源地，以及潮白河、永定河等流域空间，实现首都战略性水资源安全保障区，保障首都水资源安全供给，减压地下水开采量，有序推进地下储水空间建设，实施含水层调蓄，严格限制高耗水项目，引导影响古都文化保护的建设活动有序退出，保护永定河、潮白河、怀沙河、北沙河、拒马河等生态廊道系统，加强河湖湿地的生态恢复，建构园林映城、清水入城、蓝绿织城的生态格局。

城市改造中注重对文化遗产的保护

北京大学副教授岳升阳呼吁：北京中轴线申遗应重视城市改造工程中的地下考古机遇。希望有朝一日人们能对元大都海子东岸遗址进行考古发掘，以便搞清楚元大都海子东岸的建造特征，找到元大都海子的码头遗址。今后，应结合建设工程，对发掘出的湖岸遗址进行保护和展示，使人们直观地了解这处壮观的水利工程，加深对北京中轴线的了解。我们不是将"功能城市"与"文化城市"相对立，如果在历史性城市的规划设计中，充分考虑到城市的文化属性和特点，将文化遗产和城市特色作为城市形象的基础，文化遗产就不会被视为城市发展的包袱。

　　例如，在我担任北京市文物局局长期间，有一件事令我印象深刻。当时，在东长安街与王府井大街交界处的东侧要建"东方广场"，说是"广场"，实则是一组大规模的高层建筑群，因此引起不少社会质疑，成为备受争议的项目。设计一再修改，迟迟没有获得批准，经过压缩体量和降层处理后，直到1996年底才准备开工建设。但是，在建设前期准备的施工现场，发现了旧石器时代人类活动的遗址。在人潮如织的长安街和王府井大街，居然能够发现深藏在地下的古遗址，令我们格外兴奋。此处文化遗址保护几经波折，于2001年12月28日遗址发现5周年纪念日之际，向社会公众开放，名为王府井

王府井古人类遗址博物馆

古人类遗址博物馆。观众可以在此感知原始时代的生活，回访 2 万多年前石器时代先祖的家园。

对此文化遗址的保护中可以认识到，东方广场古人类遗址虽然是一处小型遗址，人们在此居住的时间很短，但是，这处遗址有突出的价值，它将一个人群活动的瞬间记录下来，揭示北京地区古人类活动的特征。城市像人体一样，永远保存着本身所特有的"生命印记"。人体在成长过程中，虽然身高、体重、容貌等特征会随着岁月的流逝而不断变化，但是某些与生俱来的生理特征，如指纹、唇印等却终身不变，而且因人各异，这就是所谓的"生命印记"。作为与古都北京形成和发展密切相关的文化遗址及其所承载的历史文化内涵，都是北京城的"生命印记"。

事实上，北京老城的价值还远未得到充分挖掘，保护也并未获得广泛共识。著名考古学家苏秉琦先生在《六十年圆一梦》中说："考古是人民的事业，不是少数专业工作者的事业。人少成不了大气候。"的确，考古学虽然冷僻，但是并非只属于少数专业人员。北京考古史上，许多重要的发现得益于专家学者和热心市民的共同努力。实际上，城市考古不仅仅面向过去、解决考古学家自己关心的学术问题，也应该回答人们关心的现实问题和未来问题，进而从中感受城市定位、城市精神、城市气质和未来发展方向，在古代城市与现代城市之间架起沟通的桥梁。

城市考古既具有综合性，又具有实施难度。因为历史性城市往往位于人类宜居之处，千百年间人类群体在这里不间断地发展，各时代信息反复叠加，往往存在城摞城的现象，致使城市考古工作难度较大。此外，城市考古往往不是主动开展，而是伴随城市建设或环境整治项目被动开展，因此与其他事业存在着很多的矛盾，需要在有限的空间内处理好保护与建设之间的矛盾。如果借助考古发掘与博物馆进行城市文化遗产保护利用与传承，让历史的经验、教训、智慧都能融入城市可持续发展里面，未来的城市将会实现更好的发展。一般而言，城市考古和城市博物馆是市民们阅读城市历史非常理想的方式方法。

在文化古都北京，既要欢迎人们走进博物馆的展厅，参观博物馆藏品和展览，也要引导人们访问考古遗址现场，品味遗迹，感受古人智慧。事实上，不仅考古学家，目前社会公众对城市考古也充满兴趣。因此，需要与广大民众共享城市考古成果，通过公众考古、公共考古保障人们的文化权益，而城市考古遗址就是可供市民阅读城市的窗口。从古物，到文物，再到文化遗产，这些观念的转变，体现出人们认识的深刻变化。在此社会背景下，城市考古、考古遗址博物馆、考古遗址公园等文化遗产保护行动，都面临新的历史机遇和挑战。

由于人们对文化遗产保护的认识还处在一个渐进的过程，在古代城市遗址的保护管理上，普遍存在重地面文物的保护、轻地下文物的保护；重地下遗址的考古发掘、轻文化遗存的考古调查；重特殊地段的保护、轻整体环境的保护；重遗址的开发利用、轻遗址的保护管理等现象。同时，由于保护规划滞后及管理体系不顺等历史原因，当前涉及古代城市遗址保护的人员、技术、设备、资金等得不到统筹安排和落实，很多具有重大历史价值的古代城市遗址仍然处于家底不清、现状不明、保护不力的状态。

古代水利遗址的保护和利用，与周边地区的社会生活、经济发展、生态环境有着直接的、显著的利益关联，具有保护措施综合性强，经费需求多，受社会发展和人口、资源、环境影响制约明显的内容。针对古代水利遗址的专项保护规划，应包括勘察测绘、可行性研究和征询专家意见等前期工作；对古代水利遗址及其背景环境内的人口、建筑、环境、交通等提出有前瞻性的规划目标；围绕保护遗产本体价值、保存古代水利遗址现状等内容制订详细的保护措施；在统一规划的指导下，科学安排具体保护行动。

北京古代水利遗址中深藏着北京辉煌、灿烂的历史记忆，也保存着能够代表和反映城市发展成就的历史遗存。保护好、研究好、展示好北京古代水利遗址，并实现其社会价值，是加强城市文化建设、改善民众生活和实现可持续发展的重要内容。同时，通过北京古代水利遗址的妥善保护和合理展示，形成古代水利遗址公园和街区文化绿地，必然产生震撼人心的文化景观，凸显出其他城市所不具有的文化特色和生态特色，不但为市民提供极为难得的绿色空间和文化休闲环境，还为国内外旅游者提供在世界其他城市难以获得的文化体验。

实际上，根据城市总体规划的要求，在每座城市的土地利用规划中均应按一定比例设置公园和城市绿地，而位于城市中心区的古代城市遗址应作为城市公园绿地的首选，这样既有利于通过土地使用性质的置换合理安排城市用地，又有利于古代城市遗址的保护，还有利于提升城市公园绿地的文化品位。通过保护整治形成古代城市遗址公园，将遗址保护与生态环境保护相结合，使这些遗址成为城市绿色的"肺"和"肾"，给市民提供文化交流和陶冶情操的场所。

城市考古遗址公园有助于进一步实现考古遗址的社会价值。文化遗产保护的根本目的，一是要将考古遗址完好地保存下来传承后人，二是要实现这一宝贵资源在当代的全民共享。共享的前提是民众乐于接近遗址，乐于认识和了解遗址。以往的经验表明，单凭宣讲和呼吁所能触及的范围和达到的效果十分有限。让考古遗址以公园这种轻松愉悦的形式出现，可以有效拉近考古遗址同民众的距离，使各个阶层、各个年龄段的民众自发地走近考古遗址，感知考古遗址，热爱考古遗址，使灿烂的古代文明与良好的外部环境共同构成的考古遗址，成为社会公众无法抗拒的吸引力。

在探访北京城水脉的过程中，我们深刻感受到这些河湖水系并非独立存在，古往今来始终都是连通在一起，共同构成北京城的命脉。水系是城市的记忆，也是城市的根与魂。像通惠河玉河一样，曾因很多综合问题被盖板遮掩或改为暗河的不在少数，前三门护城河、西护城河、龙须沟、南河沿、北河沿能够把它们重新揭示出来，实际上是一个系统工程。通过建立贯穿城市规划建设管理全过程的城市设计管理体系，更好地统筹历史河湖水系和水利文化遗产的保护传承与合理利用。

北京城市总体规划中提到"六海映日月、八水绕京华"，作为"六海"纵观北京城市的历史，它们都是历史都城营建的核心水域，

是养育着皇城的命脉。而"八水"中很多是城市的母亲河，其中南北护城河、前三门护城河、莲花河等水系，多以护城河为主，它们也都是北京老城整体保护中的核心水域。我们一直畅想着"六海映日月，八水绕京华"的美丽图卷，从而展现出北京城与水的和谐景观。实际上，如何通过规划实施使它们重新展现风采，才是最令人期待的。我们不仅要加大力度恢复历史河湖水系，还应该保护文化遗产的历史风貌、完整系统和基本功能，使之与城市总体规划建设、生态环境改善更多的有机结合。

另外，从世界文化遗产管理视角来看，遗产价值与我们熟悉的文物价值不尽相同，其价值内涵不仅仅是国内文化保护管理法规通常提到的历史、科学、艺术价值，世界文化遗产的价值更加强调社会价值，强调遗产对于人类社会的意义；此外，世界文化遗产管理理念认为价值是相对性的，针对不同地域、不同层级的需求和不同利益相关者或者人群，呈现出不同的价值。价值是动态的，随着时间的变化、社会条件的改变及人们思想观念、生活水平、教育水平的发展变化，价值也随之发生变化。

确定了遗产价值之后，为了确保体现遗产价值的属性和要素得到妥善保护，需要识别遗产的真实性和完整性，并需要通过保护管理体系对其予以保护。2005年，在中国西安召开的国际古迹遗址理事会（ICOMOS）第15届大会发布的《西安宣言（2005）——关于古建筑、古遗址和历史区域周边环境的保护》（简称《西安宣言》），就明确提出了遗产背景环境保护的重要性和指导策略，强调有必要采取适当措施应对由于生活方式、农业、发展、旅游或大规模天灾人祸所造成的城市、景观和遗产线路急剧或累积的改变；有必要承认、保护和延续遗产建筑物或遗址及其周边环境的有意义的存在，以减少上述进程对文化遗产的真实性、整体性、多样性及意义与价值所构成的威胁。

《西安宣言》强调："不同规模的古建筑、古遗址和历史区域（包括城市、陆地和海上自然景观、遗址线路以及考古遗址），其重要性和独特性在于它们在社会、精神、历史、艺术、审美、自然、科学等层面或其他文化层面存在的价值，也在于它们与物质的、视觉的、精神的以及其他文化层面的背景环境之间所产生的重要联系。"为了保护遗产构成属性和构成要素的完整性，保护遗产本体和周边环境风貌，无论是国际社会还是国内，在遗产保护实践中都采用了划定两级保护区划的方法，即根据遗产本体分布情况划定其遗产区以保护本体，在其周边划定一定的缓冲区以保护其环境景观或历史风貌。

文化遗产的保护、管理、利用工作，特别是保护区划的界定、执行、遗产开发利用等，更加强调遗产本体与所在区域和社区居民的关系。过去更多的是政府主导的"孤岛式"保护管理工作，未来的规划和管理将更加强调利益相关者，特别是遗产所在社区居民的需求，强调全社会共同价值观和认知的作用。通过遗产理念与价值的传递，形成专家与公众共同认可的共识和基本原则，并得到全社会的共同认可与自发的执行，使得遗产保护管理能够兼顾遗产、经济、社会、发展、生活、文化、精神等多种要素的和谐统一。

随着经济社会的不断发展，这些历史资源除了要妥善保护之外，还面临着"活起来"的发展需求，也就是兼顾其利用工作，在不损伤遗产价值的前提下发挥其应有的经济效益、社会效益。遗产保护越来越强调"保存、保护、保用"一体化统筹考虑。文化带的战略应当与此相契合，除了保护还要关注利用，并将零散的文化资源以文化线路或者文化带的方式串联起来，形成规模效应，增加影响力，促进历史文化资源的活化利用。

老北京有一句话叫"先有什刹海，后有北京城"。什刹海是北京城西北隅的一颗绿色明珠，北京的著名地标、网红打卡地，它集人文景观和自然景观于一身，文物古迹集中分布，民俗活动历史悠久，既是北京极负盛名的历史文化名胜风景区，也是北京城的发祥地。今天的什刹海还是北京城内唯一一片开放的水域，被人们称为是"北方的水乡"，《帝京景物略》中赞美什刹海有"西湖春，秦淮夏，洞庭秋"的神韵。

北京城里的"六海"蜿蜒曲折、首尾相衔，它们与壮丽、跌宕起伏的中轴线相映生辉，构成了一幅无比壮阔的图画。当人们走在北京这样一个中轴线两侧对称布局的城市中时，突然发现有这样一片不对称的"海"，必然会由衷赞叹当年杰出的建造思想和规划手法。也正是因为有什刹海的存在，才使中国古代都城的建造理想在这里得到最大限度的实现。

近年来，结合什刹海地区"疏解功能，调整产业，淡化商业，慢下来、静下来"的整体思路，实现"亮出岸线、还湖于民"的要求，充分结合和利用现状景观条件，以"织补城市"为核心，坚持以人为本，采用微改造、微循环的设计手法，改善历史文化街区保护状况，达到新旧融合的景观效果。以"生态文明"的视角，推动文化遗产保护，通过绿道景观设计和湿地公园建设，实现"文化生态"的维系和修复，使什刹海地区发挥"地球之肾"和"城市之肾"的作用，塑造出具有超凡魅力的城市品质。

什刹海的旧貌新颜

什刹海的由来

探源中轴线基点

从金代开始，随着北京都城地位的奠定，人类的活动对自然环境空间的影响力度不断加大，有一片水域经历了从金代白莲潭到元代积水潭，再到明清什刹海的演变。

金代，海陵王在北京建都，改称中都，并在当时北海及以南一片水草丰美的水面建设离宫，即大宁宫。由于辽金时代的修建，这里成为北京著名的皇家园林，"燕京八景"中的"琼岛春荫""太液秋波"就在这一区域。而什刹海水域，历史上最早是古永定河下游的一处河湖湿地，自金代起因种植白莲而得名"白莲潭"。元代，忽必烈决定从蒙古高原上迁都到燕京，派刘秉忠到燕京相地，后又委任他为主持大都城建设总体规划的设计师。由于蒙古民族尊崇自然，在长期生活的漠北草原都是依水草而居，形成了传统习俗，所以忽必烈从蒙古草原来到燕京，驻跸在金代离宫大宁宫的时候，就深深喜欢上了这片碧波荡漾、景色绮丽、环境宜人的地方。于是，在金代中都旧城的东北郊外，兴建新的都城，即元大都城。

元大都城选址的最终确定，与当时金中都北侧的白莲潭密切相关。为充分利用这片宽阔的水面和丰富的水源，当时决定以这片水面的东侧为大都城的中轴线。而元代皇帝见到湖泊甚为珍奇，称湖泊为"海"，以后便有了"六海"的名字。元代时这片水域叫积水潭，又称作"海子"，是一个大湖，面积比如今的什刹三海广阔很多。元大都城的设计与营建，完全将积水潭整个水面，包括太液池在内，都纳入大都城内。这一规划思路，不仅使城市的发展具有了充实的水源，也使一系列自然因素渗透进了北京老城的各层次空间，还使京杭大运河的漕运终点码头处于大都城的中心，支撑元朝北方的经济命脉。

侯仁之先生在论证元大都的城市选址和规划设计时也指出，"大都城城址的选择，首先是考虑到以湖泊为中心的宫殿建筑的布局，在湖泊的东岸兴建宫城，也叫'大内'。湖泊的西岸，另建南北两组宫殿，南为隆福宫，北为兴圣宫，分别为皇帝、太后、太子所居。三宫鼎力，中间湖泊按照传统被命名为太液池""环绕三宫修建皇城"，大都城的街道纵横交错，呈整齐的棋盘式布局。

据中国社会科学院考古研究所对元大都遗址的勘查和发掘证明，元大都城规划建设的中轴线与明、清北京城的中轴线是同一条城市轴

什刹海

线。而元大都城规划建设中轴线的确定，正是以当时"海子"水面的最东端海子桥（即万宁桥）作为切点向南北延展。中轴线的北端正是地势较高的"鼓楼台地"，中心阁即建于台地上。又以此为基准点向西延伸，最大限度地把原有的天然水面揽入大都城内，并以此距离为半径，确定大都城的东城墙。

由此可见，什刹海的存在不仅决定了元大都城规划建设中轴线、中心阁的具体位置及其延伸，还影响了元大都城的整体平面布局。这是北京城市发展史上一项具有重大意义的事件，也正是这一次城址的迁移，奠定了日后北京城的发展。其中，什刹海所拥有的广阔天然水面，正是具有决定性意义的因素之一。另外，对于元大都中心阁在哪里，学术界意见不一致。过去人们认为，中心阁在旧鼓楼大街；为什么叫"旧鼓楼大街"，因为那里有元朝的鼓楼。但这仅是猜测，没有考古发掘的支持。在什刹海元大都海子东岸遗迹，对于北京中轴线的研究和展示宣传也具有重要意义。

看看那片"海"

北京内城的湖泊经历了千百年的演变。外三海原为永定河故道，东汉后故道南移，遗留湖泊通称为积水潭。至明代时，原为一片的积水潭水域逐渐萎缩，形成几个相连的小湖，并在今中海之南增辟一片水面。经过一系列变动，积水潭被一分为二：南半部自北向南，分别为北海、中海及新增的南海水域，组成"前三海"（也称"内三海"），属于苑囿禁区；北半部自东向西，分别命名为前海、后海、西海，组成"后三海"（也称"外三海"），仍属郊外，有散布的村落。前三海和后三海称"六海"。但是这六片水面以桥相隔，互相连通，北起西海，南至南海，长约4500米，总面积约1.2平方千米。 明代起，后三海逐渐被称为什刹海。在德胜桥建成后，德胜桥西北部分的水面称为西海，桥东部分水面称"后海、前海"，而前后海又以银锭桥为界。

前三海自辽金至元、明、清均为皇家苑囿，建筑雄伟辉煌，景色气象万千，建有水云榭、丰泽园、紫光阁、静心斋等园林景区，并逐渐形成了我国传统造园艺术中所特有的"一池三山"的皇家园林格局："一池"就是现在所看到的北海、中海、南海；"三山"即琼华岛、

北海静心斋

团城、瀛台。由于与紫禁城毗邻，这里成为帝王赏景游宴的重要之地。北海、中海、南海又统称"西苑三海"，其艺术价值在中国现存古代园林中占有重要地位，在园林中有金代琼华岛的艮岳遗石、元代广寒殿的巨大玉瓮、明代营建的北海团城，以及树龄800余年的苍松翠柏，它们均是北京城发展的历史见证。

北海肇建于金代大定年间（1166），距今已有850余年的悠久历史，是迄今为止我国现存最完整、兴建时期最早的皇家园林。经过辽、金、元、明、清五代不断的营建，到了清代乾隆时期已经成为一座非常辉煌的园林，其中遍布着许多著名的园林建筑。例如，五龙亭，是临水的五个亭式建筑，肇建于明代，清代又进行了添配和维修，形成了北海一处别具一格的临湖景观。矗立在琼华岛的白塔，始建于清代顺治年间，是应当时西藏喇嘛恼木汗的请求，同时顺治帝又有心向佛，所以在这个地方建造了白塔。现在，白塔已经成为北海乃至北京城的标志性建筑。

前海东侧与南侧有两个出水口。向东的一条水道过地安门桥，经皇城根故道又分两支，一支向东南转经景山西侧入筒子河，再进紫禁城，另一支则向南入前三海。自此，南北两部分水域开始朝不同方向发展。明朝，北京内城多居住官员士人和南方移民。什刹海周边不断盖起寺庙、民居、王府、商铺和酒楼，生活服务类商业崛起。同时这一带有莲花社、镜园、漫园、杨园、定园等诸多名胜，风景优美，成为民众可以涉足的游赏区。王公贵族和文人学士常聚集于此观景、论学和集会。

清代，内城由八旗分区驻守，什刹海一带为上三旗之一的正黄旗进驻，规定内城不许经商，大批汉族士大夫迁居外城。城市经济活动迁往外城，前门地区成为商业中心。清代王府、别业和花园相继在什刹海地区出现，包括醇亲王府、恭亲王府、庆王府、涛贝勒府等。随后这一地区成为皇室宗亲、满汉官宦等开展雅集和堂会活动的场所，酒楼饭庄热闹非凡，如望苏楼、庆和饭庄、会贤堂、集香居、清音茶社等。同时，由于清代挑挖水泡，水域获得新生。

清光绪年间，慈禧太后授意以"颐养两宫"之名重修"西苑三海"。在此次重修西苑三海的过程中，中海西岸还修筑了一条从中海仪銮殿直通北海镜清斋的小铁路，总长约 1510 米。这一举动直接影响了后来全国范围内铁路的修建，与仪銮殿安装电灯一起成为中国人开始了解并应用近代新技术的象征，也是社会变革的必然结果。1900 年，八国联军攻入北京城，皇城内的宫苑全部遭到劫掠，中南海成为俄军驻地，苑内文物陈设被劫掠一空。八国联军总司令瓦德西占领北京后，居住于中南海仪銮殿。同时，慈禧在中海西岸另选址建新仪銮殿，后改名佛照楼，袁世凯称帝前改称怀仁堂。

历史上的北京虽然没有大江大河，但是不乏流淌在城市中的河湖水系，滋养着城市环境和民众生活。正是因为有这些河湖水系的存在，才使北京城成为一座美丽的城市。晚清时期，以铁路为代表的近代交通兴起后，京杭大运河对于北京经济的保障作用迅速下降，随着清末漕运的终结，沟通南北的京杭大运河逐渐中断，多处淤废。此时，紧邻皇城的什刹海已成为平民化生活空间。

老舍

在民国年间，什刹海附近依旧受到文人青睐，作家老舍先生就非常喜爱什刹海。老舍先生曾到过世界上许多著名的大城市，但是他独爱北京。而北京城里，他又最爱积水潭。他说："面向着积水潭，背后是城墙，坐在石上看水中的小蝌蚪或苇叶上的嫩蜻蜓，我可以快乐一天，心中完全安适。"积水潭幽静淳朴的景象跃然纸上。在老舍先生的笔下，经常出现人们在什刹海、银锭桥、积水潭、德胜门等地活动的情景，这些都体现了他对这一地区的熟悉和钟爱。侯仁之先生评价什刹海地区是"富有人民性之市井宝地"。

在民国三十六年（1947）的《袖珍北平市分区详图》上，德胜桥以西的水域被标注为"西海"，以东水域为"后海"，银锭桥以东为"前海"。之后，李广桥一带河道改建成了马路，即现在的柳荫街，前海西半部分被填平，后来建设了北京市什刹海体育运动学校。什刹海与北海、中南海，虽然水脉相连，却没有皇家园林那种多由人工构筑的叠山引水、雕梁画栋、富丽堂皇。什刹海历经沧桑，几度变迁，保持着几分天然淳朴的性格，是北京人喜闻乐见、最愿意驻足流连的地方。

侯仁之先生在《什刹海记》中这样写道："什刹海旧称积水潭，原是一南北狭长之天然湖泊。在北京旧城营建中，湖泊南部划入皇城以内，遂因古制改名太液池。太液池上先有琼华岛，后经开浚又建瀛台，始有北海、中海、南海之称，是为皇家御苑，庶民百姓不得涉

京杭运河积水潭港石碑

足。积水潭隔在皇城之外，元代曾是漕运终点，一时舳舻蔽水，盛况空前。其后运道中阻，而人民群众喜其水上风光，乐于游憩其间。湖滨梵宇林立，旧有佛寺曰十刹海，寓意佛法如海。今寺宇虽废，而十刹海作为湖泊名称，却已屡见记载。或谐音写作什刹海，而口碑相传又已相沿成习。"

　　正是由于什刹海水系的存在，这一区域无论是胡同肌理，还是建筑形态，以及街区生活等方方面面，都与北京老城其他地区有很大的区别。北京的名胜古迹，以宫殿、陵墓、祭坛、皇家园林等帝王享用的建筑和佛寺、道观等宗教建筑居多，但是供普通大众游憩的地方并不多；而什刹海是难得具有公共性的区域，被称为"都城中的野景""富于野趣的情调空间"，男女老少在此各得其所，各尽其乐。

宋庆龄故居

　　今天，在什刹海地区，既有幽美的水景，又有幽深的胡同，还有格局严整又极富生活情趣的四合院，更有一种静中有动、闹中取静的韵致。夏日的什刹海莲荷争艳、清香沁人，再添上湖畔有绿荫遮地、垂柳依依，还有茶馆、酒楼、应时小吃和京韵京味的民间文艺演出，随处可见原汁原味的传统风貌，呈现出一幅现代版的北京"清明上河图"。这里还有许多历代名刹、名人故居、王公府第，其中宋庆龄故居、郭沫若故居、恭王府及其花园等闻名海内外，是北京活化石般的城市历史博物馆。

　　大约10年前，一位来自欧洲的专家曾质疑中国的湖泊，认为欧洲城市中的湖泊，无论是水质，还是自然风光，都比中国城市中的一些湖泊更好。实际上，他们不清楚，中国城市中的这些湖泊，是人与自然共同创造的结晶，体现的是历史叠加的丰富信息。例如，什刹海在城市中心已经有几百年的历史，不断根据城市的发展变化而变化。有一种说法，它是元代京杭大运河的北方终点码头，带来商品的汇集和贸易，明代的时候变成市民非常喜欢的休闲胜地，清代的时候又增加了很多商业经营内容。正是因为有了这片美丽的湖泊，人们才在这里过着宜居的生活。

"上善若水，水善利万物而不争。"如今，什刹海地区以宁静而优雅的环境、自然与人文的和谐共生，成为北京市民喜闻乐见、流连忘返的地方，也由此被确立为历史文化保护区而避免了"大拆大建"的厄运。

作为北京老城内重要的历史文化街区所在地，什刹海分布着诸多重要节点，它们的文化形态形式多样、内涵丰富、功能各异，是一

什刹海风光

处充满传统民俗民风的历史文化区域。这里既有文化景观，又有文物古迹；既有百姓居住的胡同四合院，又有京华老字号等，共同构成了此处的平面形态、特色肌理和传统风貌的基底，记载了几百年来的浓浓乡愁。虽然什刹海位于城市中心，但是相对比较宁静，岸边有很多文物古迹，抬头就可以看到钟鼓楼，远眺还可以望见西山。在我的记忆中，这里是最具老北京风情的地方，也是最有市民情结的地方。这里不但不收门票，而且还有很多当地居民开展的民间活动，既丰富多彩，又各具特色。

习近平总书记指出，"城市规划和建设要高度重视历史文化保护，不急功近利，不大拆大建。要突出地方特色，注重人居环境改善，更多采用微改造这种'绣花'功夫，注重文明传承、文化延续，让城市留下记忆，让人们记住乡愁"。绣花功夫是一种标准，一种能力，更是一种态度。今天，我们要以绣花功夫做好城市管理，让精致落实到维修保护的每一个步骤，让精致渗透到城市管理的每一个细节。通过绣花功夫，恢复城市肌理、历史风貌和文化底蕴，在北京老城文化遗产保护过程中，最大限度地保留历史信息。

多元文化与文物古建相伴

北京著名史地学者朱祖希先生曾撰文指出："说起京杭大运河，人们大都认为其北起通州，我认为，什刹海才是京杭大运河的北端码头。"通州至大都城运粮河的开凿，使南来的漕粮可以从通州的高丽庄经闸河径入大都城，停泊在积水潭中，使积水潭中部水面的东北岸，成为贯通我国南北漕运的京杭大运河的北方终点码头，被称为"北京古海港"。元代积水潭成为漕运总码头和水陆交通枢纽后，这一地区很快就成为全城重要的集市贸易中心和繁华商业地带，从而使元大都"前朝后市"的城市格局更趋完整。《析津志辑佚》中曾记载这一地区所呈现的"前海东岸，绣毂金鞍，车马杂沓，珠玉璀璨"的历史盛况。

作为"前朝后市"的"后市"，钟鼓楼一带与积水潭北侧的斜街构成了元代大都城内最大的商业街区。从那时起，积水潭沿岸车水马龙，酒楼歌台、茶肆作坊、商贾戏班云集。这里行业齐全，既有金银、珠宝、珊瑚、玉器店铺，也有米市、面市、缎子市、帽子市、鹅鸭市、铁器市等，市场繁荣、盛极一时。积水潭一带水面宽阔，岸边风光旖旎，景色秀丽，银锭桥以东的水面盛产荷花，称为"莲花泡子"，是当年京城内观赏荷花的佳处，一些文人雅士亦多至此游乐题咏，元末著名诗人王冕就曾咏赞："燕山三月风和柔，海子酒船如画楼。"

积水潭原是古高梁河在南迁之后所形成的天然湖泊，改称为"什刹海"应该是在明万历年间的事。一种考证认为，当年什刹海周围曾有过十座寺庙，即广化寺、火德真君庙、护国寺、保安寺、真武庙、白马关帝庙、佑圣寺、万宁寺、石湖寺、万严寺，被称作"十刹之海"，什刹海由此得名。而侯仁之先生考证："可以断定现在的什刹海一名实际来源于明代的十刹海寺，只是把'十'字谐音写作'什'而已。"今天，"积水潭"作为地名，与"什刹海"这两个名称同时存在，但是积水潭仅仅成为西海的另一称谓。

积水潭的水分成三支：第一支从今日的什刹海经万宁桥流出，经东不压桥，往南再往东，沿南、北河沿大街南流，在与筒子河汇合后，又沿正义路南流至大通桥，注入通惠河。第二支由今日的什刹海流入北海濠濮间出来，经过西板桥及旁边的白石桥，从故宫的西北角进入故宫的内金水河，在故宫内蜿蜒流淌，经过太和门广场和众多桥梁，在故宫东南角流出，注入外筒子河，然后与第一支合流。第三支是从今日的中南海的南海东门流出，注入外筒子河，与前两支合流。

中轴线第一坐标——万宁桥

什刹海的前海地理位置重要，紧邻北京中轴线，北望钟鼓楼、南望北海琼华岛，万宁桥、银锭桥均是重要的通视走廊节点，有荷花市场、烟袋斜街、会贤堂、烤肉季、火神庙等著名地点，无论是北京市民还是外地游客到访量均比较集中。过去的什刹海周围桥多，除现存的银锭桥外，一条不长的月牙河上就架了七座桥。最有名的是最北面的李广桥。目前月牙河早已荡然无存，取而代之的是羊房胡同。李广桥也作为街巷名称而保留下来，证明着过去的历史。什刹海周围的寺庙更是数不胜数，兴盛时多达 20 ~ 30 座。

前海东沿地区位于整个什刹海地区的东南端，是文物古迹较为集中的区域，也是传统上商业繁荣的地段。伴随着历朝历代的繁荣发展，不少历史建筑得以兴建，并留存到现在而成为文物古迹。在前海东沿地区，有一处重要的文物保护单位，即万宁桥，俗称后门桥，又名海子桥，始建于元代。由于万宁桥地处水陆交通要道，为通惠河进入积水潭的跨街桥梁，又因擅舟楫、陆运之利，桥头附近很快就成为商贾云集之地。由于江南远道而来的客商也多在此舍舟登陆，故有"金钩河上始通航，海子桥边系客舟"的著名诗句。

万宁桥是贯穿北京全城中轴线最初设计的起点和基准点，也是京杭大运河的重要桥闸遗产，因此成为中轴线和运河水利工程联系的纽带。在这里，古代规划师把自然与人工的美融合在一起，放眼望去波光潋滟，犹如人间仙境。同时，这里也是北京城最初营建时的设计中

万宁桥（新华社图）

心。当时的规划师通过大胆构想，利用这一片浩瀚的水面作为取自大自然的尺度，在紧临它的东岸布置了规模宏大的城市布局。万宁桥桥身位于城市中轴线上，元代原为木板吊桥，明代城中不通航运，改为单拱石桥。

作为元大都的商贸中心，在历史上积水潭总离不开"舳舻蔽水""万舟骈集"这样宏大的描写。被万宁桥一桥之隔，西边积水潭的水域上停靠着不计其数的从南方驶来的货船，东边则是承载着"最后一千米"使命的通惠河玉河，每天数以百计的货船在这里穿过万宁桥进入积水潭，这条河道曾跨越元、明、清三朝，流淌了700余年。然而，在过去的100年里，玉河默默地从城市中隐退；今天的玉河终于又重新回到了人们的视野。

20世纪50年代，地安门外大街道路在修缮时，曾在万宁桥下发掘出一只石鼠，与此后在正阳门桥下发掘出土的石马、子鼠、午马，形成一条贯穿故宫的子午线。在万宁桥附近，考古人员挖掘清理出了元、明、清三代的堤岸和码头遗址，以及两条古代的排水道遗址，还出土了大量的明清瓷片、陶器、碑刻等遗物。有了这些河道遗址、遗迹和出土文物，万宁桥的历史面貌及玉河在明清两代逐渐变迁的过程也就更加清晰。

　　在2000年修复万宁桥的时候，又从万宁桥桥身东侧出土了四只形状怪异的古代镇水兽，经过专家的鉴定，为元代所雕刻，它们被深埋在淤泥中，却清晰地佐证了这段河道曾经的繁华。然而，在相当长的时间内，万宁桥只作为一般的城市桥梁利用，缺乏有效的保护措施。由于道路不断垫高，两侧桥体被埋于地下；更由于实施明河改暗沟的工程，万宁桥变成了"旱桥"，唯独两排20余米长的汉白玉桥栏板立于原处，其残破凋零状态令人十分担忧。除此之外，万宁桥的路面上还经常受到往来交通的威胁，两侧设置的大型广告板也遮挡了西侧什刹海和东侧街巷的景观。

　　朱祖希先生在《从莲花池到后门桥》（后门桥为万宁桥的俗称）一文中说道："后门桥残破凋零的情况我感觉是挺可悲的，它就在中轴线上，而且是中轴线最初设计的起点，也就是靠它决定全城中轴线的。但是两边的石桥栏已经破损。不但这样，两边的水面也看不见了，而且用了很大的广告板挡起来。原来西有风景秀丽的什刹海，东有一溪清流。今天在贯穿全城中轴线的地方，本来是城市设计的起点，却处于这样一个状态。"目前，万宁桥得到维修，恢复了桥身与桥闸，桥下的镇水兽也按原位置加以安放。现在，站在桥上可以直接看到什刹海的美丽景色，还能听到桥下的潺潺流水声，古老的万宁桥重新焕发了青春。

玉河故道的相关恢复

作为世界文化遗产的大运河北京段——通惠河玉河，原本是京杭大运河进京后的最后一段，西接什刹海。对什刹海地区玉河水系故道环境整治的目标，是通过恢复玉河万宁桥至北河沿地段的水系，以及开展两侧环境的整治，搬迁拆除故道遗址上的杂乱民居，清除填埋的堆积物，进而恢复玉河故道的历史水系，形成与古都传统建筑交相辉映的历史文化风貌。随着时光岁月的推移，如今全长 480 米的玉河故道被揭示出来。

玉河保护整治，是北京市实施历史文化名城和皇城保护规划的一项重大举措，曾引起了社会各界的高度关注。当年，侯仁之先生听到要恢复玉河北段的历史风貌，兴奋地说："这些历史水系恢复后，北京城的血脉就通了，北京就有了灵气。在北京城中，明清时期的特征比较多，后门桥水系是典型的元代特征，与南锣鼓巷风貌保护区配合在一起，会为北京古都增色。"关于玉河的河道整治、恢复和保护，在本书的中篇《湖畔新生的历史印迹》中已有详细的叙述。

北京玉河历史文化恢复工程，曾是北京6片历史文化保护区试点项目之一，被列入为市民办实事的项目。北京市文物研究所第三研究室主任张中华全程参与了这项北京地区对水系进行的较大规模的考古发掘工作。2007年，施工单位在进行污水管道改线时，在一处民房前边发现了疑似古迹的规整条石，于是项目单位立刻停工，上报北京市文物部门。第二天，北京市文物研究所考古人员就进场开始考古勘探，初步断定这个条石是清代的堤岸，于是就正式启动搬迁腾退，开始了长达一年多的考古发掘工作。

从2007年4月中旬至2008年5月上旬，在这处考古地点，共清理出元代通惠河堤岸、明代玉河堤岸及其河道、清代玉河堤岸及其河道，以及东不压桥及澄清中闸遗址、玉河庵及码头遗址等重要遗迹，出土了玉河庵碑、银锭锁等遗物，对研究北京玉河变迁、漕运、水源、供排水系统和环境变迁等，都具有重要意义。玉河作为通惠河进入积水潭的"最后一千米"，现在的河道宽9米多，东不压桥的桥拱部分也是宽9米多，元代如何能够实现"舳舻蔽水"的往来商船的运载能力，需要进一步通过考古成果予以证明。

实际上，元代时玉河水面十分宽阔，最宽处可达38米左右，而且水势的冲击力很大。到了明代，由于这段玉河被划入内城，实际的水路运输功能逐渐减退。发掘成果表明，明代的东泊岸基本和元代位置相仿，但是西泊岸已经缩水，明代河道36米左右。现在所见东泊岸是清朝缩水后的状况，清代的河道大概在5.0～9.8米之间。清代虽然没有关于玉河维修的明确记载，但是此次考古挖掘过程中，有一些堤岸是建于清代，并且兴建于明代废弃的河道内。正如侯仁之先生指出，由于水源的逐渐萎缩，清代玉河在宽度和堤岸质量方面已经大大不如明代。

此外，随着时代的变迁和玉河使用功能的变化，玉河在不同时期和不同地段的文化特点也有很大差异，要分段处理玉河两侧的景观效果，才能体现相应的文化。例如，玉河自万宁桥至平安大街段为玉河北段，其两岸的建筑特点及区域性质，主要是体现和代表了元代以来的市井民风；而平安大街以南的河段为玉河南段，则处于明清皇城范围以内，这一区域的两岸景观，突出明清时代皇城内四合院建筑的传统特色。为进一步突出万宁桥的影响及景观效果，应将万宁桥两侧建筑的恢复与什刹海宽阔的水面空间景观联系起来，使这一区域的景观效果得以丰富和扩大，从而实现玉河景观的整体效果。

清朝诗人李静山曾为玉河的水巷夜景赋诗："十里藕花香不断，晚风吹过步粮桥。"如今，诗中的风景再现在玉河荡漾的碧波之间。我们看到，逐渐恢复的北京老城内的水系河道，不仅串联起周边的胡同街巷与民居院落，也更加综合地解决了城市环境与人们生活之间的关系，还将在因水而生的多元文化与建筑之间形成相互关照、相互依托的和谐关系。玉河这段刚刚恢复的河道，必须具有公众使用功能，才能永久地留存下去。无论如何，这条700多岁的玉河，现在重新回到了人们的视野当中，也向社会民众展示了曾经辉煌一时的京杭大运河在北京城内的一段重要水路。

前海周边的古迹景点

什刹海的前海东沿地区历史悠久，源远流长。随之相伴的古迹和景观也有多处。

火神庙是北京最古老的寺庙之一，什刹海第一古刹。火神庙原名火德真君庙，始建于唐代，重修于元朝。明万历皇帝为表达对火神庙崇敬之意，特为此庙改增碧琉璃瓦重阁。清乾隆皇帝又将山门及阁顶上加了黄琉璃瓦。虽然目前庙宇形制与殿堂名称有所变化，但是大体格局尚存。火神庙一度被居民和招待所占用，内部搭建、改建严重。21世纪初，搬迁了占用庙宇的单位和居民，又对火神庙依原貌进行了维修。

银锭桥始建于明代，整座桥酷似银锭，因而得名。现在的银锭桥为1984年拆除原桥后的重建。银锭桥是京城内难得看到西山的地方，凭栏眺望，蓝天、碧水、荷花、垂柳尽收眼底，"银锭观山"是什刹海的独特之处。人们站在银锭桥上沿后海南岸向西远眺，在相当大的范围内都能看到蓝天、青山、绿水融为一体的美丽画面。特别是每逢天气晴朗之日，站在银锭桥上西望，可以看到西山连绵的山峰构成的一道美丽的通视风景，使繁华的城市与恬静的山野实现对话，让人们获得视觉的享受，成为京城遥望西山的名胜，从而留下了"银锭观山"燕京八景之一的佳话。以前银锭桥桥洞很矮，船通过的时候人要躺下来，现在改造以后船就可以顺利通过。这座精美石桥的桥板上有"银锭桥"三字，是著名文物专家单士元先生所题。

银锭桥

　　历史上，北京城市河流上架设有不少跨水的桥梁，但是随着近代的市政建设，大多数桥梁都已经消失，所幸什刹海地区保留下了地安门外的万宁桥、什刹海的银锭桥等古桥。这些石桥对于河道的功能、走向、宽度、水量等方面具有不可替代的定位作用，因此非常重要。此外，如今东不压桥的桥拱早已不复存在，但是保留下来的东西引桥及巨大的石料，足以证明这座桥梁规模之大。而曾经横跨在玉河上的东板桥、二道桥、水簸箕桥、望云桥等，伴随城市的发展变迁均已消逝，这就更加需要对留存至今的古代桥梁加大保护力度。

　　前海东沿地区东侧紧临北京传统中轴线的北段地安门外大街，也称鼓楼大街。什刹海东北方向不远处是著名的钟楼和鼓楼，南面隔着白米斜街，就是平安大街，因此地理位置十分重要。历史上，前海东沿地区与处于北京传统中轴线南段的天桥地区遥相呼应，共同构成老北京两大著名的传统民俗活动地区。民国时期，什刹海西侧的荷花市场悄然兴起，成为市民消夏胜地。钟鼓楼之间的鼓楼市场有京城小吃和曲艺杂技表演，与南城的天桥市场遥相呼应，成为平民百姓的游乐场所。地安门外到钟鼓楼前，以经营粮食、布匹、油盐、干果、煤炭为主，古玩店集中在烟袋斜街。前海东沿和鼓楼地区是北京城重要的民俗活动场所和商业中心，因此有老北京人常言"东四、西单、鼓楼前"的说法。但是，随着王府井、西单等商业区的进一步繁荣，鼓楼一带的商业中心不再兴旺。

荷花市场是什刹海可以怀念京华烟云的著名景点。昔日一到夏天，水面开满荷花，这里不仅可以乘凉、休息，更可以听唱、会友、品尝小吃。每逢夏季的端午节到中元节，什刹海岸边就搭满了凉棚，主要经营各种风味小吃和时令鲜货，如年糕、扒糕、豆汁、豆腐脑、艾窝窝、驴打滚等，应有尽有。还有一些更为精明的商家，为让顾客尝鲜，干脆把什刹海内出产的莲藕、菱角等时鲜现挖现卖。这里还有京剧、杂技、曲艺等娱乐节目供人欣赏，成为京城大众开心消遣的民众乐园。前海周边还有各类古迹景点，这里不一一详述。

近年来，人们发现，由于历史城区的整体衰败和其他商业中心的崛起，前海东沿地区已渐渐失去了商业中心的地位。同时，其他问题也日渐显露出来。首先，前海东沿地区用地功能混杂，居住、商业、

荷花市场

学校、办公等各种不同功能性质的用地相互交织在一起，没有明确的界线范围。其次，这一地区道路系统不完善，区域东侧的地安门外大街人车交织，西侧的前海东沿滨湖路定性不清、路况较差，东西向道路交通更是严重缺乏，完全不符合消防规范要求。这一地区有不少大的单位，却没有一处像样的停车场。

城市规划是城市建设前的一个整体要求，而城市设计则更多是在细节方面，更好地体现城市规划的要求。前海东沿地区的社会状况比较复杂，居住用地内常住人口密度超过每公顷710人，流动人口数量也很大。综合分析这一地区所具有的深厚的历史文化价值，同时又考虑到现状的种种问题，因此完全有必要将前海东沿地区的综合提升提到议事日程。这一地区有方便的对外交通条件、悠久的商业传统、众多的文物古迹，又临近优美的前海水面，结合对火神庙、万宁桥等文物古迹的保护利用，通过详细规划和城市设计，会体现出更加丰富的地域文化特色。

"静"下来的岸景湖光

　　近年来，什刹海地区通过景观提升工程，开展了改善南广场、火神庙广场、地安门百货商场三角地广场，增加前海小王府及荷花市场水面荷花种植，更换路面为石材铺装，改造提升码头形象，统一游船传统风格等措施，取得了良好效果。同时，通过加强对城市的空间立体性、平面协调性、风貌整体性、文脉延续性等方面的详细规划和有效管控，留住城市特有的地域环境、文化特色、建筑风貌等基因。目前，经过整治，前海东沿地区成为一处集文物古迹与自然风光旅游、商业购物、休闲娱乐为一体的高品质、多功能的历史文化商业旅游区。

"高分贝"的什刹海

2007年7月，在新西兰召开的联合国教科文组织世界遗产委员会第31届会议上，针对世界文化遗产中国丽江古城的保护状况做出决议，即由于"注意到遗产地未加控制的旅游业和正在进行的其他开发项目所带来的问题，可能会给其遗产价值带来负面影响"，因而决定启动反应性监测机制，对丽江古城的世界文化遗产保护状况进行评估。如此由于不合理的功能定位，破坏原有的历史环境和人文底蕴的现象也曾发生在北京什刹海地区。

什刹海地区位于古都北京的核心地带。在几百年岁月里，都是一个有人气的地方。然而最近几年，人们又感觉这里似乎过于喧嚣。2003年，第一家酒吧在前海营业，自此之后大批的酒吧开始向这里涌来。同样被吸引而来的，还有很多喜欢热闹的年轻人，什刹海的宁静逐渐消失，变得越来越吵闹。随着什刹海文化旅游节的举办，带动了商业旅游，不少商户发现了什刹海的商机，在原来荷花市场的基础上，形成了酒吧一条街。

短短的几年内，什刹海的酒吧数量迅速增长到上百家，并且增加势头越来越猛。酒吧数量的激增和规模的持续扩大，改变了这一地区原有的氛围和景象。由于西方文化的不断涌入，使这一区域成为东西方文化冲撞的产物，呈现出一片纸醉金迷的景象，与昔日古老宁静的街巷氛围格格不入。"华洋杂处"终日喧嚣的氛围，破坏了该地区的整体风貌的和谐，不符合什刹海应有的特色。整个什刹海沿岸成为北京继三里屯酒吧街之后的第二个酒吧聚集区，很多传统建筑用于商业和餐饮业，被改建为各色酒吧、西餐厅和旅游制品的经营场所。

过度的商业氛围和过度的嘈杂环境，让南官房胡同、鸦儿胡同等这些与什刹海相通的胡同内的居民吃尽了吵闹的苦头。本不宽敞的胡同街巷里，到处都是汽车、行人，使原本就不堪重负的街区显得更加狭窄、拥挤，喇叭声、音乐声此起彼伏，车水马龙、川流不息，这一切对于习惯安静生活的老住户们，简直就是一场噩梦。"白天出去，不管是不是节假日，总是人挤人，到了晚上九点，酒吧的乐队、音响，招揽生意的大喇叭声音此起彼伏，吵到半夜都不得消停。"过去的静谧被过度的喧哗所替代，每到夜晚，往日老北京人传统幽静的生活就会被打破，酒吧里喧嚣的音乐让居民们难以入眠。

宁静幽深的什刹海地区，本是京城内难得的一片净土。过去提起什刹海地区，人们想到的一定是湖水、胡同、四合院和"银锭观山"等文化元素。但是，成为"酒吧聚集区"以后，提的更多的是酒吧、餐馆和旅游商品。那时候，什刹海沿岸有很多违章建筑，特别是临湖风景优美的区域，增建或改建了大量酒吧设施，昔日市民散步的公共空间被侵占，环湖根本走不通，湖岸的每一块土地，甚至包括人行道都被酒吧占用，导致交通拥堵、湖岸景观杂乱。五颜六色的灯光、充斥着外来语的招牌、此起彼伏的外国歌曲，构成了当时什刹海的总体印象，往日当地民众温馨恬淡的传统生活被打破。

当酒吧主人们攫取着巨额利润，游客们享受着充满异国情调的夜生活之时，居民们却永远失去了昔日安详的生活。人们担心，如果不加以控制和改变，这一局面必将愈演愈烈。其结果不但湖畔的景观遭到破坏，周边的胡同、四合院也会慢慢地被吞噬，历史文脉将一步步地被割断。就什刹海历史街区来说，它的发展必须延续原有的文化传统和历史环境，具体包括胡同和四合院的生活气息、湖畔的传统文化功能，以及整个什刹海街区的野趣个性。这里的人文景观是经过数百年岁月才得以积淀下来，这里的文化价值要远比经济价值更为宝贵！

前些年，人们最关注的问题就是什刹海周边过度密集的酒吧，这是最难啃的骨头。在与酒吧街隔着一条胡同的小金丝胡同，居民孙大爷已经听了十几年的酒吧音乐，他说："外面一刮风，我家就热闹了。"他家的位置正好在前海酒吧区和后海酒吧区的中间，每当刮起北风的时候，孙大爷就能听见从银锭桥附近传来的音乐声；刮起南风的时候，就能听见荷花市场那边的音乐声。孙大爷说，银锭桥附近的酒吧原先都是民房，既然是民房，房门就不会朝着马路开放，朝着马路开放的门只能是院门。后来这些酒吧的门，都是商户自己开的，破坏了原来的街区结构。

像什刹海这样历史悠久的地区，商业业态要尊重历史环境、历史特色、历史氛围，酒吧过度集中的发展会变味，就不再是什刹海历史街区的传统风貌。尤其对于当地的老居民来说，这里不是商业区，只是自己的家。对孙大爷而言，什刹海地区本来是安静而且有韵味的地区，他说："酒吧数量越来越多，家门口本来清静的小胡同变得吵闹。以前都是平房，现在的二层楼全是酒吧经营者自己建造的。"人们越来越感受到，不合理的功能定位，破坏了历史文化街区的优雅环境和人文底蕴。

实际上，成为"酒吧聚集区"后的什刹海地区，居民有居民的烦恼，他们的生活变得越发的吵闹；商户有商户的苦衷，络绎不绝的游客和地区的承载力，以及高昂的租金是不得不面对的问题；游客有游客的尴尬，他们在这里究竟能体会到怎样的"京味儿"？面对这些问题，如何使居住、工作和旅行的人们都获得满意的环境，什刹海地区必须破局重生。目前，国家正在倡导夜间经济，因此一方面要进行整治，另一方面保留一些比较安静的酒吧，不要过于喧嚣吵闹。需要及时制定适合什刹海地区可持续发展的规划方针。随着推进产业调整进程，针对什刹海酒吧聚集区集中整治，提升文化展示、国际交往、旅游体验等业态。

《我是规划师》节目组一行来到了位于前海北沿的"吉他吧"。这是什刹海地区第一个酒吧，颇有名气。由于是白天，当日客人不多。店主张伟程先生向我们介绍了在什刹海生活的真实体验，包括儿时什

吉他吧

刹海的安静，成为酒吧街后的喧闹。他出生在音乐世家，父亲是中国吉他协会会长张士光先生，被誉为中国吉他界的泰斗。张伟程先生从小就居住在什刹海地区，2003 年 5 月他又回到了在后海的家，把前院收拾了一下，空出了一大片地方，简单地装修后，酒吧就开业了。他的"吉他吧"是后海最早开始经营的酒吧。

张伟程先生认为他所开设的酒吧独树一帜，与众不同。他给自己的酒吧取名"吉他吧"，希望用现场演艺的形式，与那些流光溢彩的酒吧区别开来。开业时，张伟程先生抱起吉他展现古典琴技。这种风格受到了客人们的认可，客人越来越多，经常爆满。"吉他吧"火爆之后，什刹海的酒吧风格突然大部分转型成了演艺吧，老板们仿佛突然找到了经营方向，争相寻找歌手、乐队来填补演艺空缺。

当时酒吧老板成了什刹海最风光的群体。闻讯而来的人，有钱就可以开店，数月就可以回本。酒吧街越来越吵闹，拉客宰客的现象时有发生，辣眼睛的钢管舞都曾在这里上演。酒吧之间同质化严重，因为没有什么创新，老板们都在比拼装修，比谁的装修更奢华，谁的档次更高。各家的音箱都朝外放，在自家的酒吧里，能听见别家的音乐，风从哪边来，就听哪边的音乐。张伟程说，那时候"低音炮"和"大音响"没有人管，很多游客从一些酒吧前经过，都是捂着耳朵跑过去的。站在街面上，能同时听到三四家酒吧的歌声，震得脑袋疼。

张伟程在酒吧街的十几年中，见惯了这里的喧闹。他说，最反感的就是满街面都是喧哗的歌声。在没有拆除违法建设、没禁止门外经营的时候，他见过不少奇葩的酒客，"喝多了就直接往水里小便，甚至有人喝醉了就躺倒在大街中间。便道上都是桌椅，扦子、酒杯、酒瓶到处乱扔""特别怀念小时候，坐在家门口就能听到知了、蛐蛐的叫声。以前景区夜晚噪音是个大问题，闹闹哄哄到夜里两点是常事，对桌坐着，面对面喊都听不见，只能碰杯了"。只有每天凌晨两点多到五点多，酒客散去，音乐终止的时候，什刹海才仿佛回到几十年前的宁静。

目前，经过一番整治，奇葩的酒客基本不见了，取而代之的则是理性消费的客人。"酒吧的消费其实不低，如果一味地点酒喝酒，一会儿就得上千元。但是最近客人们要饮料的多了，喝茶的多了，平均下来一人也就一百多块钱，环境整治让人们的消费观念也发生了变化"。如今，什刹海静下来了。张伟程相信，什刹海还会"火起来"，因为这里的环境越来越好，而且酒吧业态也在正规化，什刹海的优雅环境将会取代原来的喧闹氛围。

"静下来"的什刹海

什刹海地区的地安门百货商场距离鼓楼较近，其高度和体量影响了北京中轴线和钟鼓楼的景观，一直以来是维护古都风貌中的难题。近年来，对地安门百货商场实施降层和减少体量处理，重新营业后的"新地百"不再经营百货业，主要以会展和休闲业及文化创意产业为主，建设开放式书店、咖啡馆、茶室、老字号展示区、文化交流中心、空中小礼堂和户外休闲区等，赋予这组建筑更多艺术气息，将传统与现代相结合。为恢复中轴线景观而进行的拆除项目，正在地安门外大街实施。其中，北海医院和东天意市场楼群最高处 23.7 米，影响到中轴线的整体风貌，目前，这处楼群正在按规划降低高度，建筑高度不超过 9.6 米。

荷花市场步行街位于什刹海前海的西侧，全长 280 米。每逢盛夏临水荷花大片盛开，幽香阵阵，风景宜人。这处临水栈道是什刹海全长 6 千米的环湖步道的一部分，也是最美的一部分。因为风景好，过去常年被商家"霸占"，摆满了就餐卡座，游人想坐会儿，还得先消费。2017 年 7 月，荷花市场的业态调整启动，曾经热闹一时的酒吧、餐馆陆续关停，位于步行街最南端的星巴克咖啡馆也贴出了暂停营业的公告。今天我们看到，从北到南，市场建筑已经被 3 米高的围挡挡住，里面的店面早已腾空，过去卖炸鸡、鱿鱼串、烤香肠的小店面也已全部关停，门上贴着封条。

根据什刹海风景区的生态重塑计划，酒吧等腾退后的空间重点用于引进文化创意类项目，曾经存在了十几年的"酒吧一条街"成为历史。随着荷花市场步行街提升改造，这处被誉为什刹海最美"观海口"的观景栈道将彻底归还给市民。近几年，通过清查酒吧街的房屋产权，按照"一户一档"的方案要求，对酒吧街内 249 家经营单位的房屋性质和产权单位建立了档案和台账，大幅度减少了酒吧的数量。同时，明晰经营单位房屋产权，收回部分公房，关停违规经营酒吧，控制酒吧数量，由此希望什刹海再静一静。

2021年1月8日，《我是规划师》节目组再次来到什刹海地区，此次任务是来收集什刹海地区的声音分贝指数。分贝是客观反映声音大小的科学数值，我在什刹海的周边，四处收集声音，并记录在什刹海的地图之上。现在景区要求在酒吧内音响不能超过有关规定。声音收集的结果表明，如今什刹海地区真的静了下来。环境整治后的什刹海地区，前来游玩的游客数量虽然有所减少，但是整个地区的氛围变得优雅宁静了很多。那么安静下来的什刹海地区应该如何定位，如何能够使什刹海地区持久健康发展，又是一个新的课题。

然而，酒吧噪音数值的降低，也意味着招揽生意的"影响力"在降低。再加上疫情的原因，经营的压力随之而来。什刹海的"酒吧聚

"静下来"的什刹海

集区"，曾经是这一带最热闹的地方。一些年轻人和外地的游客，似乎很喜欢来到这里度过聚会的时光。但是，热闹的场面并不代表这种现象适合在这个地方出现。对于这里的居民来说，他们难以长期忍受这种乱哄哄的环境；对于北京老城来说，乱哄哄的"酒吧聚集区"出现在历史文化保护区也不是好的现象。今天，人们更注重追求自然、清净的休闲方式，希望能有更方便与更温馨的现场文化体验。什刹海碧水环绕、古朴醇厚的气息正好满足了人们的这种需求。

今天我们处于不断变化的时代，一成不变的是要保护好文化和自然遗产，保护好人与自然共同创造的成果，并使这些遗产和成果与现代人们的生活和谐共生。随着时代的进步，向更加健康、更加美好的方向发展。这就是为什么在城市规划中，努力保护什刹海这片难得的水域，并努力使之惠及全体民众的重要原因。让什刹海静下来，这样的目标肯定会使一些人面临经济方面的损失。但是，为了共同营造这片地区的祥和，为了城市空间更加舒适怡人，环境整治的决心必须坚定，经营者们做出适当的牺牲，也是值得的。

张老爷子出生在什刹海地区的一个院子里，他见证了这座小院近一个世纪的变迁。这座约500平方米的宅院有130多年的历史。20世纪50年代，院子被几个单位占据，十几家住户陆续搬进来，让小院失去了往日的宁静。"文化大革命"后落实政策，张老爷子虽然拿到"房契"，但是也只能每月收上100多元的房租。什刹海历史文化保护区设立后，通过政府出资补贴、法律诉讼等多种途径，张老爷子终于收回了这座宅院。这时许多投资者和房地产中介纷纷登门，开高价收购小院。"与其靠卖房一夜暴富，不如给子孙后代留个家。"张老爷子谢绝了上千万元的高额买房请求，申请了历史文化街区房屋修缮补贴，对自家小院进行保护性维修。

由于地处什刹海风景名胜区，在旅游部门的组织下，从 2008 年起，张老爷子家成为民俗旅游接待户，来自全国各地、世界各国的游客每天登门拜访，感受老北京市民的真实生活。一辈子当工人的张老爷子没想到，小院为他的晚年打开了一扇通往世界的大门。在什刹海地区已经有不少这样的民俗旅游接待户，这些院落成为游客们最爱去的地方，平均每户每天要接待上百名中外客人。对于这些民居的主人来说，保护历史文化街区就是保护自己的家。正是这些对北京传统文化充满感情的普通市民，让老城的文化复兴有了深厚的社会基础，让历史文脉的延续传承成为现实。

在什刹海地区的环境整治中，不但有政府部门的努力，当地民众也做出了重要贡献。银锭桥畔有家饭店叫"东兴顺爆肚张"，是北京城里出了名的百年老字号，就坐落在银锭桥附近。店门口立着一尊清代服饰的铜人像，一手捧着茶壶，一手轻摆着邀请客人进屋。今年已经 80 岁的李老太太说："这是我老伴儿的爷爷张泉，17 岁从山东逃荒落到这条街上，学爆肚的手艺。这一晃 130 多年了，老张家五代人一直在这条街上，没挪过地方。"她本人嫁到爆肚张家也已经有 50 多年，在什刹海也住了 50 多年。

回忆起当年的情景，她说，从前每到傍晚，大小金丝胡同、南北官房胡同里就会传来卖米、卖醋的小贩此起彼伏的吆喝声，磨刀师傅带来的打击乐,这些声音让人心安。由此看来,人们在日常生活中还是希望有些熟悉的声音伴随。李老太太讲到了不久前的环境整治,"我们家是这条街上最后一个盖的""原来没有想扩大经营面积,就是心疼那些慕名而来的客人,特别是旅游高峰期,等位的队伍能从门口排出去 20 多米,刮风下雨天也是这样,看着焦心。于是别人都盖二层,我们也盖吧"。

前一年刚刚盖了二层房屋,投入营业没俩月,成本还没有收回来,什刹海地区就启动了大规模的环境整治,银锭桥三角地是这次整治的重点。"拆了我家的,别的家还拆不拆? 不拆就不公平。"这是李老太太当时心中最大的疑惑。2019 年初,眼看银锭桥周边所有门店的违规牌匾、违法建设都被拆除,李老太太爽快地说:"我 21 岁就到这条街,从前的什刹海什么样,我心里有数。要说老样子、老风貌是应该恢复起来。"没过多久,"东兴顺爆肚张"二楼的违法建设也启动拆除,同时一块架设了多年 10 米长的巨型广告牌匾也卸了下来。

《我是规划师》节目组一行来到位于前海的"烤肉季",这是什刹海的地标之一。北京人说起烤肉,一定会提到"南宛北季"。北季指的就是北城什刹海银锭桥边上的"烤肉季",和南城的"烤肉宛"专注于烤牛肉不同,烤肉季以烤羊肉见长。相传清代道光年间,北京通州的回民季德彩在什刹海边的"荷花市场"摆摊卖烤羊肉,打出了"烤肉季"的布幌。在 100 多年的岁月里,烤肉季一直在什刹海守望着。2008 年,"烤肉季"和"烤肉宛"烤肉制作技艺共同被评为国家级非物质文化遗产。

在烤肉季（周高亮摄）

从烤肉季的窗户，能够清晰地看到什刹海地区的变化。2017年，什刹海地区开始整治，"烤肉季"也体现出了老字号的精神及国有企业的担当，拆除了"招幌"和"灯箱"，进行了油烟改造，同时内部进行了精细装修。首都博物馆的唐宁老师在烤肉季担任非物质文化遗产的讲解员。2015年，西城区开展非物质文化遗产项目讲解员的招募工作，唐宁老师就主动申请并成为烤肉季的讲解员。如今，她对烤肉季的历史和特色内容，可以说是了然于胸，讲起烤肉季的"武吃自烤"更是头头是道。平日里，她也愿意在什刹海地区走街串巷，了解这片地区的风土人情及最新动态。

明清时期，北京城不仅是一个政治、文化的中心，也是一个商业发达的城市。传统商业在这座城市中，不仅仅是获取利益的设施，而且是实现文化传承的存在，进而被纳入北京传统文化的体系之中。例如，北京城内有许多人们耳熟能详的"老字号"，本源来自全国各地，但是并不妨碍它们名冠北京，被纳入北京传统文化之中，并成为北京城市的人文特色，影响着人们在城市中的文化体验，吸引着广大城市居民的关注。传统文化广泛介入城市居民的生活中去，也成为这座城市人文思想积淀的重要组成部分。

什刹海地区有很多名人故居，成为一大文化盛景。宋庆龄、郭沫若、萧军、陈垣、田间等故居都散落在湖畔街巷之中，张伯驹、齐白石、老舍、张大千、侯宝林等文化名士也曾被什刹海风光所吸引，居住于此。著名文物专家单士元先生对什刹海地区感情深厚，1907年他就出生于什刹海畔南官坊口胡同（今南官房胡同）内的一座宅院。10岁前曾先后在地安门内东板桥胡同、地安门外帽局胡同、鼓楼前方砖厂胡同的私塾学习，并乔迁到地安门东蓑衣胡同。直到晚年，单士元先生一直都居住在旧鼓楼大街的小石桥胡同。

文化名人故居是留存他们生活痕迹、内在精神的纪念场所。一方面，故居展示着与这些名人相关的历史文物；另一方面，故居还记载了名人的生平和故事。因此，文化名人故居不仅凝结着文化前辈的生命光彩，也映射着人文思想的博大光辉，它们是祖国优秀文化遗产的重要组成部分，也是传承民族文化、发扬民族精神的重要载体。名人故居还是一所特殊的学校，是人们学习历史文化、弘扬前人美德的重要场所，具有很强的学习体验和陶冶情操的作用，尤其具有对青少年进行理想教育的功能。因此，在进行景观提升工程时，需要根据不同文化名人故居的特点，尽可能加入纪念性文化元素。

　　我在少年时代经常来什刹海，那时还能感受到"都市中的野景"氛围。近 40 多年来，北京城发生了巨大变化，北京的老城也发生了很多变化，什刹海地区当然也在不断发生变化。随着 20 世纪 80 年代以来大规模城市建设的展开，什刹海地区周边也出现了一些影响"观山"的高大建筑，"富于野趣的情调空间"不断被改变。特别是积水潭医院建设了高层建筑，将西山景色部分遮住，致使"银锭观山"的通视走廊景观大打折扣。对这一历史遗憾应及时创造条件，采取降层等措施加以纠正。

　　历经千百年岁月洗礼而形成的北京古老街巷肌理，存在于在此居住的百姓生活中。要充分考虑社区居民因不同年龄、文化、职业等形成的不同文化需求，以及社区居民的不同爱好、追求和意愿。尤其是通过文化记忆空间的修补，能够有效激活社会网络的活力。只有做到了这些，才能让胡同和四合院永远洋溢着浓郁的京腔、京韵、京味，真正留住老北京的乡音、乡情、乡愁。同时，还要深入挖掘整理胡同四合院、京城老字号、名人故居、非物质遗产传承人的口述历史，使之成为北京永久的城市名片。

　　什刹海是北京的一处宝地，人们愿意常常到这里来游憩，探寻老北京旧影与文化。这里的每一座四合院都是活态的存在，都留下了前人建造时的精神追求，从而使这里的一砖一木、一瓦一石，处处细节引人追忆，成为物化的精神载体。文化调查是价值评估至关重要的步骤，通过文化调查收集的历史资料、地图资料、研究文献、图片档案、考古报告、工程档案、城乡规划、管理计划、工程方案、风土人情、传统文化、传统节日、民间故事、地理数据、文化活动、宗教信仰、非物质文化遗产、教育水平、文化空间等，尽可能地收集完整并加以整理提炼，以形成文化调查报告，并以简洁和可视化、可理解的方式呈现出来。

　　一些生于斯长于斯的什刹海居民，以一本《我家住在什刹海》文集回馈故里。这本文集由66篇文章及绘画和摄影作品汇集而成，作者们大都出生于20世纪50年代。他们记述了出生地的历史变迁、人世沧桑，展现了老百姓曾经的烟火日常、老宅人家，从中可以由衷地感受到暖意与真情。或许只有生活和成长于此的人，才能用这样浓郁饱满的倾诉来回味过往，而这样的回溯，无疑留住了什刹海，留住了北京的一段珍贵历史。正是世世代代生活在这里的社区民众，用自己的知礼与明理、豪爽与内敛、开放与坚守，书写出了历史悠久、内容丰富、影响深远的地域文化，坚守着文化传统与核心精神。

城市设计融入好山好水

什刹海的独家记忆——后海

后海是什刹海的组成部分，这里水面开阔，两岸均有众多文物古迹，例如，北岸有宋庆龄故居、醇亲王府、广化寺等，南岸有恭王府、郭沫若故居等。由于远离城市交通干道，环境幽静，视野开阔，是一片既可赏水又能观山的山水世界，也是垂柳拂岸的闲散之地，岸上的民居与居民、周边的王府和名人故居，更为后海铺陈着京味和历史的无穷韵味。侯仁之先生说，这里是人民性非常强的一块地区，一直在北京市民中人气很旺。在我的记忆里，后海地区有成片规整的院落，高质量的四合院民居，胡同街巷总是被打扫得干干净净。

2020 年 1 月 21 日，《我是规划师》节目组特别邀请了清华大学

与多年未见的郑光中教授在一起（周高亮摄）

郑光中教授来到什刹海。郑光中教授曾是清华大学建筑学院城市规划系主任，是城市规划和风景园林方面的著名专家，长期参与指导北京古都风貌保护及城市设计。在什刹海后海的望海楼下，我见到了多年未见的郑光中教授，不免有些激动，几十年来多次与朱自煊教授、郑光中教授一起讨论什刹海地区保护和发展规划的情景又在眼前一一浮现。我对于什刹海的一些了解，也是因为多次参加两位教授组织的规划方案论证。如今朱自煊教授已经 90 多岁，郑光中教授也已 80 多岁，虽然他们都年事已高，但是身体健康、老当益壮，继续在为什刹海保护和发展绘制蓝图。今天，给郑光中教授的意外惊喜是在这里给他过生日，我们大家特意准备了生日蛋糕，以茶代酒祝福他生日快乐。时间真的过得很快，我认识郑光中教授时，他还是一位中年教师，而今天已经是他的 84 岁生日。

在望海楼前，郑光中教授告诉我，这座望海楼最早就是由他和学生们设计建造，当初设计的意图是为地区居民增加一些公共建筑，人们可以进去休息一下，娱乐一下，希望实现环湖于民的目标。"但是事实上没有按照设计意图实现。一些地方原来是公共绿地，我们几十年都坚持城市规划确定的用地性质，可是当时的有关领导希望把这里搞成一个高标准的会所，就把民众可以休息游乐的一块绿地给圈了起来，当时我也很生气，怎能这么做呢。"几经变迁，没想到后来又成为"还湖于民"的一个堵点，如今为了打通堵点，又历经了一番周折。郑光中教授强调公共建筑应该对市民和游客开放，人们能到上面喝喝茶、望望景。

目前，在后海的绿道景观提升工程取得了预期成效。实现了以绿道功能为主线，形成了静谧休闲区，提高了环湖舒适度，串联了节点景观，体现了借水成景的造园特点。同时，增加了湿地植物，恢复了历史风貌，完善了具有浓郁文化风格的环湖景观。如今，这里占地面积 23.8 公顷，其中水面面积 17.9 公顷，周边绿地面积 4.5 公顷，环湖步道居然有 2800 米。通过后海绿道景观提升的建设，形成了设施齐备、管理完善的什刹海环湖绿道生态空间，形成了城市文化空间新的亮点。

在建设环湖步道的过程中，主要为打通环湖路，疏通堵点，对北岸环湖人行路局部加宽，保证步道通畅；沿岸进行铺装更换，设置亲水平台，提升建筑节点，形成亭廊结合的休憩空间；沿湖步道增加坐凳和垃圾桶等便民设施服务公众；充分保留和利用现状植物，在林下空地补植碧桃、迎春、海棠、丁香等，形成桃红柳绿的环湖景色；将沿街摆放的临时花箱改为绿带，补植地被植物覆盖裸露的土地，利用植物遮挡围栏；在望海楼南侧增设 6000 平方米荷花，形成夏季水生植物景观区；对水中野鸭岛现状进行提升，新建鸟岛为野生水鸟提供栖息地。

时至中午，我与郑光中教授一起来到"护国寺小吃"店品尝北京小吃，喝豆汁、吃焦圈，放松地享受了一下久违的休闲生活。品尝北京小吃后，我们决定在什刹海地区四处走一走。前往柳荫街的路上，经过护国寺大街的人民剧场，这是一座砖红色为主的建筑，虽然已经历半个多世纪的风风雨雨，依旧古朴典雅。面朝北的部分是剧院前厅，歇山式屋顶衬托出建筑的庄重，灰筒瓦绿琉璃，不失色彩上的丰富与活泼，不愧为中国近代建筑中的佳作。20 世纪 50 年代，北京市相继兴建起一批演艺场所，人民剧场就是其中之一。1955 年，国家京剧院成立，同年人民剧场的大幕正式拉开，京剧艺术大师梅兰芳先生担任首任院长，并登台表演代表剧目。

21 世纪初，人民剧场因为建筑存在一些安全隐患而停业改造，不再对外演出。2007 年正式改造时，保留了建筑的原有整体风貌，但是将原有的观众区至舞台部分进行了拆除。据介绍，未来人民剧场不再具备剧院演出功能，或许将成为文化创意产品的生产制作场所。一座曾经的顶级戏曲演出殿堂失去了原初功能，让人深感遗憾。我告

诉郑光中教授，近年来中国文物学会和中国建筑学会联合开展了 20
世纪建筑遗产保护行动；人民剧场虽然功能已经改变，但是 2018 年
仍然入选了"第三批中国 20 世纪建筑遗产项目"，希望这座优秀的
现代建筑不再受到伤害。

　　随后，我们来到后海柳荫街，郑光中教授在现场继续叙说自己对
恢复历史水系的看法。当年西小海被填埋，建成了北京市什刹海体育
运动学校。郑光中教授希望恢复什刹海的历史水系，为此他描绘了什
刹海水系规划图，谈了对什刹海未来发展的畅想。郑光中教授知道说
起来容易做起来难，但是作为远期规划，他表示会一直努力呼吁。在
恭王府内，我们共同感受到作为京城保留下来最大的王府，恢复到今
天的规模可以说是很不容易，但是周围的环境，特别是停车设施还需

恭王府后花园

要改进。在规划师眼里，看到的都是规划目标。

下午三点以后，什刹海沿岸水边开始热闹了起来，居然有几十位游冬泳的市民，其中不乏一些老年人。我上去打招呼："您多大岁数了？""65岁！"居然和我年龄差不多，顿时感到自愧不如。同样是老人，看人家这精神头儿，值得向人家学习。老年人就应该有自己的生活，就应该以乐观的态度享受生活。同时我也在想，享受生活有不同的方法和习惯，我每天在各地奔波，经常忙碌到凌晨一两点钟，有着看不完的书、写不完的文章，乐此不疲，锲而不舍，总觉着时间不够用，累并快乐着，为了自己喜欢的事业而坚持做下去，甚至愿意付出一辈子，也是在享受生活。

据说，"水有五德，因它长流不息，能普及一切生物……"人们喜水、近水、赏水、嬉水，衍生出水文化。水滋润着城市的文化，澄澈着人们的心灵。正是因为有了这片水，什刹海才衍生出丰富的样貌，集中了历史、文化、生态、民生等各个方面；正是因为有了这片水，自然和人文才得以和谐共生。水文化是北京重要的组成部分，水系恢复将使北京城市更加灵动。随着京城水系的保护与生态修复，城内水系逐渐恢复，与历史街区、街巷胡同、传统民居共同营造出独特的文化景观，使人眼前一亮。要利用好"水"生态，创造和谐的人居环境，让人们在诗情画意中感受日常的美好生活。

什刹海的冬天很美，很安静，心能沉静下来。什刹海的冬季并不萧条，在什刹海没有正式进行冰场经营管理的时候，人们大多自带冰鞋三五成群地在冰上滑野冰，这是很多北京市民冬季的城市记忆，也

市民游客在什刹海冰场游玩（新华社图）

是冰上活动爱好者和具备一定冰上运动技能的人们最常参与的运动。实际上，北京作为文化古都，自古便有开展冰上活动的风俗。冰上活动从民间兴起，逐渐成为人们冬季游乐、健身、竞技的生活方式。北京的四季气候分明，那片在春、夏、秋季节中开展游船、游泳、垂钓等活动的河湖水面，在冬季结成冰面以后，取而代之的是滑冰、冰球等冰上活动。

　　我在少年时代，也曾和同学们多次相约到什刹海滑冰。那时冰场上的人很多，一些年轻人滑冰水平很高，在人群中左右穿行；还有一些年轻人滑得也很好，我想可能是旁边什刹海体校的学员；而我们不大会滑，也就是在冰场上体验一下。实际上，一到冬天我们经常到护城河参加冰上活动，最常去的是复兴门到阜成门一段的护城河，用木板和角钢做成冰车，坐在上面两手用冰扦子杵冰向前滑行。后来因为护城河施工修建地铁，我们的"滑冰场"也就消失了。在北京老城中的冬季，什刹海给我留下了难忘的童年记忆。

什刹海冰场是北京老城里最具有代表性的天然露天冰场，这里开展的冬季冰上活动是北京老城中极具吸引力的室外活动。丰富的冰上活动种类，每年都吸引了大量慕名前来的人们，更由于周边具有魅力的城市空间，使这里一直很有人气和活力，成为冬季城市活动中的亮点。相比较其他冬季户外冰雪运动场地，什刹海具有明显的区位优势和历史文化优势。据了解，目前北京市内共运营约 18 处露天冰雪活动场地，其中 14 处冰雪活动场地设置在公园或风景区内，人们在公园或风景区内的指定场地可参与冰雪活动。

在什刹海冰场（周高亮摄）

冬季开展丰富的冰上活动对于激发冬季城市活力具有十分积极的影响，人们在寒冷的冬季走出室外，需要更多的吸引力和舒适的环境。特别是2022年初在北京召开的第24届冬季奥林匹克运动会，提振了人们对于冰雪运动的热情，也引发了人们对冬季城市空间在城市生活中的作用，以及"健康城市"和"冬季友好"等话题的关注。什刹海冰场依据展开的活动种类、使用功能，将冰上空间划分为游乐空间、滑冰空间及观演空间，不同功能的空间分区清晰。通过冰上不同的空间组织，带动人们参与冰上活动的热情，带动冬季区域活力，并以此作为发展契机，带动什刹海的岸线空间及周边城市空间的活力。

　　说起冰上运动，我回忆起《我是规划师》节目组曾于2019年在故宫延春阁听取故宫博物院书画部李湜老师向大家介绍的《京师生春诗意图》，这幅书画是清乾隆年间由宫廷画家徐扬绘制的绢本绘画，作品采用鸟瞰式构图，将中国传统散点透视画法与欧洲焦点透视画法相结合，描绘了京师的全貌。《京师生春诗意图》中就有冰嬉的场景。

　　画中描绘的冰嬉地点应该是金鳌玉蝀桥（现北海大桥）以南的水面，表演的是转龙射球项目。画面上右侧众人簇拥的就是皇帝华丽的冰床。冰场上，旗手和射手们间隔排列，盘旋曲折滑行于冰上，远望之，蜿蜒如龙形。在将近御座处，设一旌门，上悬一球，称天球。转龙队伍滑至此处时，分别射矢，中者有赏。另外，在滑行队伍中还有各项杂技表演，如舞刀、叠罗汉及花样滑等，表演者的各种姿态让凛冽的寒冬充满生机。

据文献记载，当时皇帝观赏的溜冰项目还有以下三种：一是比赛快慢的速度滑冰，清代称"滑擦"，选手们穿着带铁齿的冰鞋，在冰上如风驰电掣般滑行，先夺标者取胜；二是杂技滑冰，如在冰上飞叉、耍刀、弄幡、使棒、叠罗汉等，难度颇高，技艺非凡；三是冰上踢球，两队在冰上争抢皮球，哪队在自家领域里得到皮球就算哪队取胜。这些冰上运动，或充满欢声笑语，或过程激动热烈，为即将到来的新年增添了很多喜庆的气氛。乾隆皇帝多次命画家将冰嬉场面绘成画卷收藏起来。这种画卷应该是一种写实作品，再现了当时的场景。

什刹海的静谧花园——西海

和前海和后海的热闹相比，西海更显安静。据说在古代这里曾是漕运的总码头，也是皇家清洗大象的洗象池。

2020年1月2日，元旦刚过，《我是规划师》节目组来到了什刹海西海。这里北临北二环路和德胜门；东临德胜门内大街，附近有积水潭医院；西端有建于明永乐年间的镇水观音庵，清乾隆二十六年（1761）更名为汇通祠，1976年因修建地铁而被拆掉，1988年得以重建，现在郭守敬纪念馆就设在祠内。郭守敬在天文、历法、水利、数学等方面成就卓越，因此围绕汇通祠郭守敬纪念馆的展览陈列内容进行呼应和外延，在北入口至湖边郭守敬雕塑之间形成"郭守敬之路"，纪念这位对北京做出巨大贡献的水利专家。

郭守敬雕像

　　2018 年，北京市针对什刹海地区提出了"亮出岸线、还湖于民"的要求，历时 5 个多月，完成了什刹海西海湿地公园建设，包括连通山海楼南侧步道，迁移游船码头，新建浮桥，实现水岸步道连通。通过什刹海西海湿地公园建设，结束了过去人们需绕行山海楼的历史，既提高了湿地公园的亲水体验和游人安全，又形成了安静舒适的环境氛围，成为城市中难得的生态空间。什刹海环湖于民不仅仅是打通环湖步道的表层解析，其深刻内涵可上升至首都核心区历史文化保护的高度，从什刹海的历史地位到肩负的现实使命。

　　在西海北侧的山海楼，我与山海楼的经理段志航聊了起来。从 2014 以来，他一直在山海楼的二楼观景台上坚持不懈地拍摄风景，因为这里视野很好，能看到比较广阔的水面，景色一年四季都有所变化。从他拍摄的照片和视频里，可以看到修建浮桥时期的西海、浮桥建成以后的西海。从雾霾严重的西海、湖水浑浊的西海，一步步变成天蓝水清的西海。这就是西海几年间的生态变化图，水变清了，天变蓝了。如今，他把拍摄到的四季美景经常传给各地的朋友们，可以说他也成了西海变化的忠实见证者。

对准同一个角度、同一个方向拍摄西海的变化，这是段志航经理的拍摄技巧。的确，这是一个好办法，可以清晰地进行空间和时间的对比研究。我在从事城市规划的时候，也喜欢应用这样的拍摄方法，会在一个街区，选择一个点位，每隔一两年去拍摄同一方向的照片，这样连续几年，再回过头来一看，这个街区的变化就历历在目，能看到城市的步伐和发展的脉络。古代的积水潭如今建成了湿地公园，也带来了这片水域的变化。段志航经理从湿地公园开始建设到如今建成，拍摄了很多照片和视频，可以看到环境确实比原来好了很多，而且是一天比一天好。

一个城市不能没有水，作为京杭大运河的终点，在气候干燥缺水的北方，拥有什刹海这样水量充沛的水域，极其难能可贵。段志航经理还拍下了在西海湿地公园鸟岛建成以前，小鸭子在山海楼墙边的花盆里产卵孵化的视频。他和同事们经常喂小鸭子，还给他们遮阳避雨。他说什刹海西海这片水已经融进了自己的生活和生命，不仅见证着自己的成长和蜕变，还是烦恼的净化器。每当看见这片水，心就安静下来。从段志航经理拍摄的照片和讲的故事，可以感受到他对西海充满感情。

2018 年 10 月 1 日，什刹海西海湿地公园正式开放，向公众交出了一份满意的答卷。西海湿地公园占地总面积 10.9 公顷，其中水面面积 7.4 公顷，周边绿地面积 3.5 公顷，环湖步道长 1450 米，沿西海有郭守敬纪念馆、三官庙等多处文物保护单位和纪念馆，这是北京历史城区内唯一的一处城市湿地。西海湿地公园的建设，旨在恢复什刹海地区丰富的物种多样性，构建城市湿地的生态系统。同时，结合历史文化、湿地科普和游览休闲，形成既朴野自然，又具有文化特色的城市湿地公园。

　　在西海湖岸，我见到了环湖景观设计师李战修先生。他告诉我，实现环湖打通，实际上最大的问题就是要整治原有的 7 个堵点，其中在西海这里就有 3 处因为违法建筑和临时建筑占据而形成的堵点。通过打通过去山海楼阻隔的水面，新修浮桥、栈道，连接了东西两岸；通过关闭西海渔生餐厅，拆除各类违法建筑和临时建筑，疏通堵点，并对保留建筑进行提升，服务民众，重新命名为"镜槛涵清"，水上包间乌篷船如今成为西海一景；通过打通碧荷轩堵点，拆除碧荷轩近 2000 平方米的违法建筑，新建敞轩和绿水亭，可以观赏湖里种植的大片荷花，为游人休憩提供空间。

　　西海西北角汇通祠前的水域，最受游客青睐。通过搭设浮桥的方式实现环湖步道连通，所谓浮桥，实际上就是漂浮在水面上，没有落地，水要上升，它就能浮起来，用以解决环湖的通行问题。在西海湿地公园，统一设置了导向标识牌、休闲座椅等便民设施。同时，加强智慧西海建设，对环湖夜景照明进行整体设计，以汇通祠作为景观节点和地标，将基础照明和景观照明相结合，提升夜晚景观的品质，如今夏天夜间也有很多居民前来纳凉。下一步希望在此处建设一个生态湿地系统，吸引更多湿地的鸟类，种植更多适宜的水生植物。

在西海湿地公园的环湖路上，安装了120个集"智慧安防视频监控、城市WiFi、PM2.5智能感知、手机充电、4G基站、特殊人群监控、市政设施监控、智慧终端显示屏"等功能的智慧灯杆，并配以1082个物联网监测点，实现街区的无线网络全覆盖；基于智慧灯杆研发的报警、地图、导航、社交等相关互联网功能的应用，不但让市民体验到了更加精确便捷的、人性化的城市服务，还让公园管理者可以通过数据中心及物联网可视化管理平台，实现什刹海区域内的游人管理、车辆管理、设施管理、应急管理和运营管理。

在西海湿地公园建设中，社会和单位车辆的管理也是重点。在保障周边居民170多个停车需求的基础上，结合公园中智慧灯杆上的安防视频监控系统，实时监控园区内的静态交通和动态交通状况。对在非停车区域停放的车辆，通过灯杆上的显示终端进行提醒，并实施定位，以便停车管理人员进行管理，实现规范停车，从而解决西海区域内停车无序的乱象，确保西海湿地公园周边有序的交通运行环境。

西海湿地公园的水是流动的，所以水质很好。通过改善流域生态环境，提高滨水空间品质，岸上污水全部实现截流，进行不间断水质监测，将蓝网建设成为服务市民生活、展现城市历史与现代魅力的亮丽风景线。水岸边按照公园建设规范，水深都是半米，再加上水生植物遮挡，避免出现孩子们掉水里的危险，确保居民和游客的安全。由

西海湿地公园

于环湖步道的打通，为爱好运动的人们在绿意盎然的西海实现了无比舒心的畅跑体验。

实际上，在这里人们更多采用步行的方式来体验环境，因为可随时停下脚步欣赏风景。我们行走在浮桥上，欣赏着冬日的西海风貌，这里有幽美的水景、幽深的胡同，更有一种静中有动、闹中取静的韵致。什刹海街巷内一砖一瓦也都凸显出北京老城的"气脉"，密布的胡同四合院、空中的鸽哨声，讲述着这里不同凡响的生活状态。如今，什刹海碧波荡漾，垂柳摇曳，北京市民和外埠游客纷纷前来游览，这里仍然是北京老城内一座免费的水上公园。

经过环境整治，西海湿地公园增加了人们日常休息的空间，什刹海更接地气，人们来到这里无论是休闲娱乐，还是体育锻炼都非常方便。事实上，在北京城里面，这样一处没有交通干扰的公共空间很是难得，可以说西海湿地公园的设计和改造十分成功。什刹海这片地区是著名旅游风景区，但是不能只有旅游业，还应该有更多的文化休闲内容。北京老城的地域空间十分有限，如果都依托旅游来推动地区发展，势必会造成过度开发的局面。还是要苦练内功，发展创新业态，这也是北京老城需要解决的新问题。

城市品质的升级来自每一个区域品质的提升。在服务周边居民方面，西海湿地公园在建设中，通过拆除违章建筑，清理杂乱环境，共建环湖观景栈道，提高了人们的亲水体验，形成了安静舒适、质朴自然，具有文化特色的湿地公园，既保障了水质清洁，又消除了安全隐患；在改造过程中，于汇通祠山体、环湖绿地内，结合原有树木还新植了油松 30 株、垂柳 40 株，海棠、山桃、山杏、丁香等 600余株。

随着环境问题在全球范围内的凸显，文明发展就更多增加了生态文明的思考，成为一种新的文明形态。侯仁之先生指出："所谓'生态文明'，就是尊重自然、顺应自然、保护自然，建立以人与自然、人与人、人与社会和谐共生、良性循环、全面发展、持续繁荣为基本宗旨的社会形态。人与自然、社会的和谐共生，是生态文明的核心特征。"从文化生态的角度来说，文化遗产作为文化生态系统中的文化要素，与这一系统中的自然环境、人文社会环境是不可分割的有机整体。因此，要将其置于文化生态系统中，实现文化要素与文化生态环境的整体性保护。

历史文化保护区是城市中的"文化湿地"，城市正是因为有了这一片片"文化湿地"，才更加宁静、美丽、和谐，才拥有独特而持久的文化气质。什刹海历史文化街区与素有"地球之肾"美称的湿地高度契合，具有储藏城市记忆、调节文化生态的功能，堪称"城市之肾"。

　　城市不只是衣食住行的场所，而且是人与外界交流、对话和思考的场所。在美好生活需求日益提升的今天，人们需要多样化的生活体验，感受多元化的人文气息。随着对背街小巷的整治，实现了风貌重塑，还原了什刹海风景区独有的水城景观和街区风貌，"亮出岸线、还湖于民"；湿地科普和游览休闲的结合，形成了既朴野自然，又具有文化特色的湿地公园。什刹海"环湖于民"是一项具有开创性的工作，例如，浮桥的设计、鸟岛的构想、荷花的种植、碧荷轩亭廊的建设等。此外，结合休闲空间和环湖步道将"运河文化、诗文荟萃、湿地文化"三方面文化内容融入其中。在运河文化方面，西海汇通祠将原有什刹海入水闸口进行恢复性展示；在诗文荟萃方面，将历代描述什刹海湿地的诗文，以及老舍先生笔下的积水潭等内容予以表现；在湿地文化方面，对50余种水生植物及各种鸟类进行科普和讲解，普及湿地知识。此次结合西海湿地公园建设，新增了2个约800平方米的生态浮岛区，建设了500平方米的鸟岛，使之成为鸟类的幸福家园。西海湿地公园建成后，还曾吸引了4只黑天鹅飞来游憩。通过丰富的水生植物群落及多种鸟类生境的营建，共同构建出城市湿地的生态系统。

西海湿地公园建成后，恢复本地区丰富的物种多样性，营造约 2 万平方米的水生种植区，包括荷花种植区、菖蒲芦苇区等。新增水生植物共计 50 余种，都是北京乡土的品种，其中种植荷花品种 30 余种，其他水生植物 20 余种，如菖蒲、芦苇、菱角等，涵盖了多种水生植物类型，形成大面积的水生植物群落，呈现出丰富的湿地景观。同时，充分发挥水生植物的生态效益，利用水生植物群落对水体的净化作用，吸收水中的总氮（TN）、总磷（TP）、有机物等，使水质长期保持一定的稳定状态，抑制水体的富营养化，保持水质清洁。

滨水绿道是一种将市民需求和绿色资源有机结合的文化空间。通过将公共绿地、湿地绿地、河道绿地等绿色空间变为可进入的公共空间，满足了居民休闲游憩需求、绿色出行需求，是一种以人为本的城市空间存在。如今植物丰富了，鸟类丰富了，再加上其他小动物，自然就逐渐得到回归。区域外道路喧闹嘈杂，车流滚滚，但是滨水绿道却是另一个世界，静谧、幽深、秀美。事实证明，要让人们生活得舒适、安全、健康，需要通过生态修复和城市修补来改善。通过城市设计，可以把好山好水好风光融入城市，统筹空间形态，提升生态服务功能，保护和延续城市历史文脉，增强城市吸引力和软实力。

什刹海边的名街巷

网红打卡地：南锣鼓巷

南锣鼓巷历史文化保护区位于北京历史城区中轴线东侧，是北京最古老的街区之一，与元大都同期建成，至今已有700多年的历史。在南锣鼓巷东西两侧对称各有8条胡同，是我国唯一一处完整保存着元代胡同院落肌理，规模最大、品质最高、文化资源最丰富的棋盘式传统居民区，也是最具老北京风情的区域。同时，这里是元、明、清几个朝代的城市中心，见证了北京城的风云变幻。南锣鼓巷地区与什刹海地区一路之隔，也曾经发生过与什刹海周边相类似的问题，经过整治和修缮，现在也终于恢复了"原来的味儿"。

南锣鼓巷地区的每条胡同都保存有历史的痕迹，保留着难得的街巷胡同原貌，构成独特的魅力。初到这里的人们都会惊奇地发现，北京城内这一最古老的传统街区充满迷人的京味风情。如今走在古巷中，寻觅700多年的岁月留痕，参天大树还在，幽深的王府大宅和古朴的四合院还在，它们默默见证着历史风云。在北京老城里，每一条历史悠久的胡同都有数不清的故事。南锣鼓巷及东西两侧与它交汇的各条胡同格外引人注目的一个重要原因，是历史上很多著名人物都在这里留下了生活的印记。

事实上，南锣鼓巷地区从建成那一天起就不是商业区，区内虽然也有一些商业经营，但总体上是传统居住区。就清代晚期而言，有一些清廷内务府官员居住在这一带。从地理位置上讲，它距紫禁城不

南锣鼓巷

远，进入大内供职比较方便，是官员们理想的住地。当年这里的街巷胡同居住着众多达官显贵，从明朝将军到清朝王爷，从文学大师到画坛巨匠，深宅大院数不胜数，如板厂胡同的僧王府、雨儿胡同的齐白石旧居、帽儿胡同的婉容故居、秦老胡同的绮园等；后圆恩寺胡同13号仅是一座两进四合院，作家茅盾先生在这里度过了人生的最后7年。

南锣鼓巷临街的建筑构成具有其独有的特征，既不是纯商业街巷，又不像北京一般的街巷胡同那样民居占绝大多数，其间夹杂着一些经营生活必需品的小店铺。南锣鼓巷介于两者之间，虽然店铺占有一定比例，但是都与居民日常生活密切相关。当年这些店铺以其所经营行业分类，主要有：当铺、米粮店、油盐店、猪肉铺、烧饼铺、蒸锅铺、羊肉铺、绱鞋铺、煤铺、劈柴厂、成衣铺、冥衣铺、饭庄子、剃头铺、药铺、中医医馆、大车铺、文具店、绒线铺、棺材铺、接生婆住所，以及出售井水的井窝子、出售点心的饽饽铺等。

进入20世纪，南锣鼓巷临街的房屋虽然发生了一些变化，但是改变幅度不大。街巷两侧是规格不一的民居建筑，既有临街设广亮大门（又称广梁大门）的民居，也有小门小户的民居，临街辟一门楼，门内置一影壁，自成格局。街区内仅有数十家商铺，老式店面和老式住宅仍占绝大多数，这些店面的建筑结构和造型均为传统形式，大小不一、各具特色，多数店面是起脊瓦房与平顶房组合而成的结构造型。整个历史文化街区比较宁静，并非以吃喝玩乐为主的商业街。然而过多的商业开发破坏了应有的原汁原味保护，也有悖于其价值特性和历史定位。在南锣鼓巷主街上一度有 200 余家商铺，两侧胡同内有 400 余家商铺。

南锣鼓巷的商业模式就是典型的瓦片经济，临街店面租金也从每月几百元、几千元涨到了几万元，甚至一间不临街的 10 平方米小门面，月租金已经超过 1 万元。名气大了，人流多了，租金贵了，于是很多传统业态被挤了出去，剩下的多是快速盈利的各类快餐小吃。走在南锣鼓巷，浓郁的商业气息扑面而来，满条街鸡排、奶茶，"真是南北百货，什么火卖什么"，营业者操持着南北各地口音，就是很少有人会说北京话。难怪一位慕名来此探寻文化韵味的外地游客认为，这与想象中的全然不同，"只有口味没有韵味，只见食色不见文化，赚了人气丢了精神"。

穿行南锣鼓巷，从南口到北口，全长 786 米的街巷两侧餐饮、服装、工艺品等商业门面一个紧挨一个，遍布了整条街道。胡同内买卖的吆喝声、音乐的播放声、游人的喊叫声不绝于耳。与日俱增的市场竞争，导致出现业态低端化的趋势，同质化现象严重，文化创意品位不高，少有人寻着历史足迹，体味北京胡同的风情和历史文化韵味。更为令人担忧的是，在与南锣鼓巷垂直交叉的十几条胡同中，"破墙开洞式"商家店铺的滋生蔓延，不仅冲击了胡同四合院保护的刚性底线，也稀释了历史文化街区的文化氛围。

《北京日报》曾评价，"在这个棋盘式街巷 700 多年的历史上，也许现在正是她最热闹的时候，同时也是离历史、离文化、离老北京味儿最远的时候"。2015 年 2 月 15 日，《光明日报》刊发《南锣鼓巷的三个尴尬》一文，批评南锣鼓巷过度开发、游胡同变成逛买卖街、周边胡同文化遗迹多未开放等现象。2016年5月，就读于北京五中分校初三的一位同学则在《北京晚报》上发表《文物古迹不是先人留给我们的旅游景点》的文章指出："如今，'胡同游'似乎已经成为人们游北京不可或缺的一部分。然而每一个胡同的兴起，好像都离不开'商业化'这三个字。而商业化，往往伴随着传统文化的流失。"

这位同学还不无忧虑地写道："是商业化，让北京胡同重回人们的视线，让越来越多的人接触了解北京的胡同；也是商业化，颠覆了胡同应有的面貌，让胡同不再是记忆中那个质朴纯粹的地方，让一些胡同中原有的传统文化流失殆尽。南锣鼓巷中充斥着酒吧商铺的喧嚣，每日如织的人流也让这个原本安静的小巷不堪重负。南锣鼓巷确实火了起来，在无数人眼中成为北京著名胡同的典范，但同时它也变成传统文化所剩无几的一条胡同——没有了'京味'的胡同还能叫胡同吗？"

随着现代化城市建设大潮席卷而来，北京胡同最初的韵味与纯粹也渐渐遭到侵蚀。伴随着商业大量进驻及胡同游的日益兴盛，胡同曾经的静谧渐渐远去，喧闹不休成为胡同内居民的常态感受。在南锣鼓巷的不少院落大门上会有此类提示："此为私宅，谢绝参观""非开放单位，谢绝参观"。然而，拆改传统民居建筑，改建现代化的商业门脸，并未得到根本遏制。人们来到这里，感受到这里只是一个小商品市场，稀释了历史文化街区的文化氛围。

南锣鼓巷曾被美国《时代周刊》列为"亚洲25处不得不去游览

的地方"。美国《华盛顿邮报》网站上一篇《北京胡同东山再起》的文章称:"北京曾经有很多这样的胡同和四合院,可最终它们沦为低层阶级的居所,如今正让位给野草般出现的摩天大楼和涟漪般扩张的环城公路。漫步在南锣鼓巷,仿佛置身于商业街或是露天博物馆。身边是画廊、纪念品店和咖啡馆,让人完全感觉不到民居胡同的慵懒和破败。随着政府新一轮拆迁计划的出台,胡同面临两种命运:要么变成南锣鼓巷的翻版,从此失去原有的居民和氛围;要么保留狭窄的小路和破旧的大杂院,然后被推土机夷为平地。总之,改变不可避免。"难道我们北京胡同四合院的未来只有这两种命运吗?

　　全国各地很多历史文化街区面临着同样的尴尬局面。目前,几乎"每个城市都有一条南锣鼓巷",这些街区或历史悠久,或艺术气息浓厚,都拥有鲜明的文化特色。遗憾的是,这些特色都无一例外地逐渐被商业气息所侵蚀。面对满街的小吃、雷同的商品等低端业态,人们开始感叹"千篇一律"代替了原有特色,只有"人挤人",难以获得良好感受。附近的居民更是苦不堪言,以往清静的社区变得人头攒动、人声鼎沸,正常生活受到严重影响。南锣鼓巷的尴尬在提醒人们,历史文化街区的发展必须把握好"度",不能让商业利益凌驾到居民生活、风貌保护、文化体验等诉求之上。

　　近年来,庞大且持续增长的客流量令一些热门景区在文物保护、古建筑维护、游客安全等方面承受巨大压力。因此,给景区设置最大承载量,并采取限流措施,既是保障景区安全的必然要求,也是保护文化遗产的正确选择。对文化旅游景区限流而言,既有科学依据,也

南锣鼓巷一角

是社会公众和文化遗产的一道安全底线。为此，国家的旅游法规定，景区应当公布最大承载量、景区接待旅游者不得超过最大承载量，要求旅游者数量可能达到最大承载量时，景区要提前公告，并及时采取疏导、分流等措施。

2009年，南锣鼓巷的年客流量为160万人次；而在2015年国庆期间，南锣鼓巷每天涌入10万多名游客，超过限流以后的故宫博物院每日8万人的观众接待量，更严重超过了"最大承载量"。虽然北京市旅游发展委员会提醒"已经不适宜游览"，但是未采取干预措施。以至于2016年进入旅游旺季后，南锣鼓巷又出现严重"超载"

的状态，不断出现"人挤人"现象，说明社会大众对文化资源有强烈需求，应当提升供给。

随着一些文化投资者、艺术爱好者和休闲旅游者的介入，南锣鼓巷及周边古巷将传统文化和创意产业相结合，开始发展成交织着传统与时尚的新胡同文化，创建剧院等中西文化交融的文化产业。也正是这些不断更新的文化产业与悠久的胡同文化产生激烈碰撞，才使南锣鼓巷在社会上保持着较高热度。历史上，什刹海和南锣鼓巷原为居住区，过多的商业开发破坏了应有的原汁原味保护，也有悖于其价值特性和历史定位。人们不禁追问：时至今日，北京老城的破坏为何变本加厉？商业化为何停不下来？老城保护必须以过度开发为代价吗？

由于商业味过浓，北京南锣鼓巷落选国家历史文化街区的消息引发了普遍关注。2015 年，北京市人大常委会执法检查组对包括什刹海和南锣鼓巷在内的历史文化街区，进行了历时两个月的实地检查。检查组认为，北京历史城区保护和改造主要采取自下而上、具体项目带动保护的方式。尽管由"开发主导"转向"政府主导"，由"大拆大建"转向小规模、渐进式、微循环改造式的转变，但未跳出以商业开发平衡成本的模式，导致南锣鼓巷和什刹海等地区商业性开发程度过高，功能和人口却未得以有效的疏解。

检查组指出，北京历史文化街区的保护与历史文化传承未能有机结合，只注重了建筑的保护，而未能最大程度地保护历史环境和风貌特色，这也是什刹海、南锣鼓巷落选国家历史文化街区的主要原因。检查组强调历史文化街区保护的核心是有序传承优秀历史文化，保护应与历史文化传承有机结合，保持历史感和人文气息，历史街区才有生命力。作为文化中心的北京，保持对历史的敬畏和对文化的崇敬，不仅要落实在口头上，更要落实在行动中。应邀请当地居民和有关专家参与规划管理，增强当地居民和流动人员的文化遗产保护意识，只有广泛听取社会意见表达，才能做出理性的判断和抉择，才能增强保护规划的控制和引导能力。

2016年4月25日起，根据北京市旅游发展委员会的决定，南锣鼓巷暂停接待旅游团队。同时，政府部门针对南锣鼓巷进行业态调整，凡是在南锣鼓巷申请入驻或业态变更的商户，都要签下承诺书，承诺保护南锣鼓巷的古建筑风貌，保证装修风格与街巷一致，并接受南锣鼓巷风貌业态领导小组的全程监督。同时，南锣鼓巷主动申请取消3A级景区资质，希望通过"限流"寻回南锣鼓巷日渐流失的文化特色。

2019年10月至12月，南锣鼓巷实施封闭改造，店铺数量大"瘦身"。改造后的南锣鼓巷，终于充满了"老北京味儿"。与"瘦身"之前相比，商铺从235家减少到154家。取而代之的是，没有那么多小吃，也没那么多垃圾和臭味；之前被掩盖的文物"水准点石碑""万庆当铺"的夹杆石，现在都可以看到，南锣鼓巷已经有了"原来的味儿"。也就是说，南锣鼓巷"瘦身"的最大成果，是摒弃了过多过滥的铺面，还原了本色原貌，再加上保护性修缮，变得更古色古香。

有趣的街道：烟袋斜街

　　北京是世界上最方正、街道最平直的城市，因此在北京指示方向，不需要像在外国说向左或向右，而一般会说东西南北。但是也有少量斜街例外，对于这些斜街，往往会在街名上就已标明，如烟袋斜街、白米斜街、樱桃斜街、李铁拐斜街等。其中，烟袋斜街位于什刹海前海东北，因为宛如一只烟袋锅子而得名，是北京最古老的商业发达的街道之一。在清朝末年至20世纪30年代，街内以经营旱烟袋、水烟袋等烟具，以及古玩、书画、裱画、文具、风味小吃等为主，其铺面建筑风格朴素，并有北京北城的特点，是北京老城颇有名气的文化街，曾留下不少文化名人的足迹。

　　今天，为了避免出现过度商业化的现象，需要为什刹海地区的健康发展提供方案。2000年，北京市开始逐步对烟袋斜街进行整治，清华大学建筑学院师生制订了

烟袋斜街

烟袋斜街保护更新规划。他们发现，以往许多历史文化保护区的保护规划一旦进入操作层面和具体事务阶段时，常常面临至少两个方面的困扰：其一，虽然保护规划在理论上受到有关法规的保护，但是管理却常常不到位；其二，对保护规划的可操作性研究不深，针对性不强，面临许多现实的困难，难以落实到实践之中。因此，不免导致研究成果与实践效果之间的反差。

烟袋斜街保护更新规划依据《北京旧城 25 片历史文化保护区保护规划》，通过历史研究及大量实地调研，确定了烟袋斜街历史文化保护区的性质，明确了重点保护区和建设控制地带的范围和应采取的措施，对地区内建设行为做出严格限制。例如，不拓宽街巷，不改变胡同尺度，杜绝大规模的开发改造，只允许零星、渐次的维修翻建，房屋限高 3 ~ 6 米（1 ~ 2 层）等。此外，对于建筑的形式、色彩等方面也做出严格规定，整体保护历史文化街区的传统风貌。

在烟袋斜街内尚存相当数量的传统建筑，拥有不少格局完好的传统院落，基本体现了传统风貌，但是仍有部分建筑与传统风貌相冲突。由于缺乏改善房屋质量的积极措施和动力，这些房屋仍呈衰败的趋向，房屋质量状况的恶化也必然对该地区的传统风貌带来不良影响。烟袋斜街保护更新的规划基本上深入每个院落单位，针对每栋建筑会做出评价并指出保护更新的措施。同时，规划强调了人口疏散和居民参与的原则。在规划中，强调采取小规模、渐进式的方式，一个门牌号为一个单位院落，作为整治更新的基本单位。

烟袋斜街地区的居民多为几代在此居住的"老北京"，人口居住条件普遍拥挤，老年人所占比例大大高于同类地区全国平均水平，且老龄化现象严重并有继续加重的趋势，居民多为中、低收入者，经济状况较为低下，经济自我发展能力较差；并且由于房屋产权或使用权所有人的权利、义务不明确，而导致物质环境的改善缺乏动力。同时，基础设施落后是该地区生活质量低下的主要原因之一。由于烟袋斜街居住院落的复杂性，不同院落的建筑风貌、质量、产权及人口密度等状况各不相同。因此，规划综合考虑物质形态及社会、经济、人口等多方面因素，为这一地区的院落单位提供现实可行的整治更新的措施和引导性方案。

烟袋斜街保护更新规划明确保护类、综合整治类院落中指定的保护建筑对象，制订保护措施，对保护类院落进行控制性详细规划，有利于指导保护和管理工作。兼顾历史街区的自然生长、发展及居民的自主建设，对综合整治和更新类院落提出引导性方案和控制性指标，用以指导建设和满足管理的需要。将人口、产权状况与处理方式相结合，具体情况具体分析，确定引导性的政策性措施，针对性强，有利于在实际操作中明确方向，减少矛盾。调整人口与增加建筑面积结合，互相协调补充，此消彼长。对于保护类院落，以调整人口为主。

烟袋斜街保护更新规划在操作过程中充分体现了公平公开、自愿自主的原则，为居民提供了多样性的选择。街区的居民多为中低收入者，且大多没有属于自己的住房。因此，解决这些人的住房问题，不应仅仅是局限于历史街区自身的更新。完善的社会住房体系是解决这一问题的关键。同时，应制定一套更加高效、合理的贷款与补贴等政策与措施，以确保真正解决中低收入者的住房问题。这些问题的解决为保护区居住院落内人口变动、房屋产权置换等的顺利进行，打下了良好的基础。

在更新规划中，通过对一些院落的分析，居民的资金对于历史街区的保护与更新无疑有积极的推动作用。房屋产权逐渐明晰，同时保证房主的权利，明确自身应承担的义务。居民的直接参与，可灵活、有效地吸引相当数量的小规模资金投入保护与更新中来，同时也能避免大规模的人口置换所带来的一系列经济、社会问题。只有把居民发动起来，才是历史文化保护区保护最大的动力。同时，对于那些没有属于自己住房的居民，根据不同的经济状况，提供多种可选择的方案，如购买商品房、经济适用房和租住廉租房等解决住房问题，由政府提供一定的优惠或补贴。

在烟袋斜街的保护整治中，首先宣布不会采取"大拆大建"的改造方式，而是希望当地居民自己投入维修保护实施计划之中。2007年5月，烟袋斜街特色商业街建设工程正式开工，2008年规

烟袋斜街的店铺

划实施后，烟袋斜街再现了老北京青砖灰瓦的历史肌理和建筑风格。结果，仅投入不到 160 万元用于公共服务和基础设施建设，居民们就把自家房屋修缮得古色古香。保护整治以后，烟袋斜街的传统风貌没有改变，原住居民也没有迁移，达到了保护和发展的目标。

2010 年，烟袋斜街入选"中国历史文化名街"，成为什刹海胡同旅游的必经之地，充分证明了其历史真实性、风貌完整性、生活延续性都得到了很好的传承。这一成果表明，这种保护整治思路是完全正确的，这种方式也可以激活历史文化街区的生命力。随着烟袋斜街历史文化保护区有机更新的深入进行，在后期，该地区的人口密度将继续降低，历史街区逐渐进入良性循环，历史风貌将得到更好的保护与延续，居民生活质量也将会得到进一步的提高。

天色渐渐暗了下来，我们一行走进了烟袋斜街的"官作茶"。"官作茶"店经营者老张是一个热爱北京文化的北京人，从事美术行业的他开办了自己的文化创意品牌"官作茶"，主打茉莉花茶，因为茉莉花茶是老北京人的所爱。老张介绍这是他们自己设计的原创品牌，到今年已经是第 5 个年头。之所以叫"官作茶"，老张说这个名字主要体现了北京皇家文化的概念，希望通过文化创意呈现出北京的特色和品质，可以满足自己把什刹海文化弘扬出去的愿望。

什刹海地区历史悠久，文化底蕴深厚，可以提炼出很多文化要素应用于研发；再与今天人们的文化需求相对接，就可以不断创作出人们喜爱的文化创意产品，就可以满足游客把什刹海文化带回家的需求。什刹海地区还有一个得天独厚的地方——这里自古以来就是各种文化汇聚的区域，通过大运河的商品和文化汇聚，形成皇家文化与市井文化、北方文化与南方文化、物质文化和非物质文化相互交融的文化特色。

什刹海地区东面的南锣鼓巷、西面的德胜门、南面的北海、北面的钟鼓楼都是著名的人文景观和文化空间，还有不少著名的京华老字号，是一个很难得的区域。因此，在什刹海历史文化保护区内，每一个街巷，每一个店铺均可以经营不同的内容，形成既有差别，又有呼应的文化创意十足的区域。如今，烟袋斜街历史文化街区独特的文化旅游特点日益呈现，独特的街巷历史肌理、丰富的传统建筑形态及丰富的社会生活已经为人们所接受。

什刹海地区根据游客需要营销一些文化产品，但是总体来说，具有地域特色的文化创意产品并不多，街区内最多的是各种小吃摊位，无论是冰激凌、柠檬汁，还是糯米糕、臭豆腐，都加上了"老北京"三个字，摇身一变就成为各种"老北京"特色小吃。对于文化创意产品来说，首先要有明确的定位，什刹海地区的文化创意产品与故宫博物院的文化创意产品，与天坛公园的文化创意品产应该有所区别。每个地区、每个地点都应该根据自身的历史、自己的特色进行研发，相互之间不能抄袭、模仿、复制，不能千篇一律，要各具特色，要丰富多彩。为此，必须深入挖掘自己的文化资源，讲好自己地区的故事。

历史文化遗产的"金名片"

    北京历史文化是中华文明源远流长的伟大见证，要更加精心保护好，凸显北京历史文化的整体价值，强化"首都风范、古都风韵、时代风貌"的城市特色。习近平总书记曾指出："北京是世界著名古都，丰富的历史文化遗产是一张金名片，传承保护好这份宝贵的历史文化遗产是首都的职责。"今天文物保护的理念不断进步，不但强调文化要素的保护，而且强调自然要素的保护，如强调河湖水系、水环境的保护；不但保护静态的古遗址，还强调活态保护，如民众生活其中的历史文化街区。

北京历史文化街区的缩影：胡同四合院

　　北京历史文化街区，一般是指保存有一定规模的街巷胡同、一定数量的传统建筑，具有相对完整的传统风貌，而且包含具体生活内容的特定区域。北京历史文化街区中北京胡同四合院不仅是历史的缩影与见证，还是文明的载体与延续，更是城市肌体的灵魂。通过观察胡同四合院，可以看到胡同的历史环境，可以看到四合院里的居民生活，可以看到文化传承的努力，更能够在这种文化氛围中重新发现传统文化的价值。许多北京人世世代代居住在胡同四合院里，胡同四合院里也留住了北京的传统、北京的风俗、北京的民情。

　　对于北京老城的保护，要落实到每个街区，乃至每一条胡同和每一座院落。从美学观点看，如果把北京老城看作是一幅画，那么传统的四合院就是这幅画的底色；如果说北京老城像一首歌，那么传统四合院就是这首歌的主旋律。人们之所以能强烈地感受金碧辉煌的故宫所拥有的魅力，正是由于在这组古建筑群周边，有大面积青砖灰瓦的四合院民居。试想，如果没有四合院民居做铺垫，而在故宫周围遍布高楼大厦，那么故宫就会成为一处"盆景"，根本不会有魅力可言。

　　南京大学副教授姚远先生指出："有了小桥流水，苏州才为苏州；有了胡同四合院，北京才为北京。"四合院是我国一种传统合院式建筑，其格局为一个院子四面建有房屋，将庭院合围在中间。中国各地均有此类建筑类型，但是以北京四合院最为典型。简单的四合院为单进院落，复杂的四合院可以有多进院落。北京四合院具有很多优良的

北京四合院俯瞰

物理特性，特别适合北京地区的日常生活。院落尺度开阔，日照充足，大部分房屋都可以获得很好的采光；四面围合的庭院形成自我平衡的环境，既隔绝街道的喧嚣，又保证内部的通风。在这里，古人通过自然朴素的方法，塑造出高度舒适的人居环境，显示出令人赞叹的智慧。

　　作为一种优秀的民居类型，北京四合院从风水选址到施工建造，从装修布置到栽花种草，都反映出古人高超的智慧，对今天创造更美好的人居环境具有重要借鉴价值。传统四合院在解决了人们居住问题的同时，一代代居住者也在此留下了生活的痕迹，传递着丰富而鲜活的历史信息，每一棵树、每一块砖、每一面墙、每一个角落，都可能珍藏着曾经生活在此的人们的故事。因此，四合院民居成为传统文化的重要载体，四合院内的居民也有着强烈的归属感。

北京四合院是我国北方庭院式住宅的代表，在北京独特的地理气候和人文环境的双重影响下发展成熟，因此无论是院落布局，还是建筑单体都表现出宜居特性。通过厚重的屋面和墙体营造出冬暖夏凉的效果，表现出对北京气候的良好适应，也处处体现出北京传统文化的内涵。如今，居民都希望能有一个舒适的环境，因此在环境提升中，既要改善居民的生活条件，又要尽量保留优秀建筑的传统特色，让每个院落的居民都能找回属于自己的生活空间，找回院落里的和谐生活。珍爱四合院、保护四合院，把这些珍贵的建筑遗产及其蕴涵的优秀传统文化传承下去，是每一个热爱古都的人们共同的责任。

北京的历史文化街区是特有的文化资源和人文遗产，形成了古都的整体环境。但是，随着人口增加，街区环境越加拥挤，经济状况较为低下，因房屋产权或使用权所有人的权利和义务不明确，从而导致物质环境的改善缺乏动力。要从根本上提高历史文化街区的生活水平，改善居住环境和市政基础设施。因此，应组织协调各方面的力量，加大对基础设施改造的力度。历史文化街区的保护与发展是一项系统工程，需要各方面的统一协作。有关政策、管理条例及其他工程技术环节的有效落实，也是历史文化街区更新整治能否顺利进行的基础。

"以人为本"是深深植根于中华民族文化中的精神。以改善民生为根本，以解决问题为导向，以街区复兴为目标，以精细化管理为保障。几十年来，随着北京城市化进程的加速，人口的增多，四合院逐渐成了大杂院，民生问题尤为突出，大量房屋破损严重，院落内外私搭乱建，胡同内随意停车、堆放杂物现象严重，各类架空线杂乱无章、密如蛛网，安全隐患严重；公共空间被侵占问题突出，排水系统严重不足，现代生活功能缺失；人均居住面积不足 5 平方米，几十户居民共用一个公共卫生间。这些也是我曾经的生活体验。

在北京老城，保护好以四合院为代表的传统民居，实质就是传承城市发展的血脉，让人真切地体会到属于自己的"魂"与"根"。这些四合院所折射出"昨天""今天"和"明天"的烙印，远比文字记载得更生动、更真实。确实很多如今变为大杂院的四合院，看起来已经不再宜居，但是这并不是四合院本身的问题，而是过度的居住密度和落后的基础设施对四合院造成伤害所致。实例证明，通过疏解人口密度，配套现代生活设施，帮助居民解决各种现实问题，四合院才可

北京四合院庭院

以重新焕发出新的生机与活力。

北京的历史文化街区有层级分明的皇家文化，有伴水而居的都城文化，有最接地气的胡同四合院文化，因此具有综合价值，既有历史价值与美学价值，又有居住价值与建筑价值，还有社会价值与环境价值，更有文化价值与情感价值。如果历史文化街区内的传统建筑被大量拆除，只从商业利益考虑，那么历史文化街区必将丧失基本价值。同样，四合院不仅有物质层面的价值，在文化和精神层面的价值也不容忽视。传统四合院体现了老北京的生活氛围，是传统文化的重要载体，同样是衡量历史街区传统风貌的重要因素。

什刹海胡同四合院的"有机更新"

20世纪80年代初，清华大学吴良镛先生提出了胡同四合院保护的"有机更新"理论。今天，在胡同四合院环境提升中，仍然应该运用"有机更新"的理念。杜绝大拆大建，进行整体保护和修缮；注重文脉保护传承，留住原住民，引入年轻人；以院落为单位保护老城街巷、院落和建筑，渐进式更新；用腾空土地获取保护资金，惠及民生。与此同时，通过保护风貌、改善民生，力求实现历史文化街区的胡同肌理、传统民居、商业老字号和非物质文化遗产等得到有效保护和抢救，并在新时代焕发新的活力。

曾经在北京老城发生的大规模"旧城改造"和"危旧房改造"模

式饱受争议，举步维艰，促使政府、社会和学界展开反思，历史文化街区保护不仅是形式上的胡同四合院保护，还需要关注生活在其中的居民。随着历史文化街区保护思想的转变，在注重传统物质层面保护的同时，逐渐加大对人文和社会层面的关注。如果从文化形态的多样、主体功能的多元、考察视角的多维来观察什刹海地区，会使我们有更加丰富的感受和更加深刻的理解，从而以更加自觉的态度和更加科学的行为，推动历史文脉的活态传承。

2010 年 10 月，北京市成立了北京历史文化名城保护委员会，北京历史街区的保护得到重视，推出了历史街区各类社会治理的新实践，其中包括在什刹海地区开展人口疏解、单位腾退和环境提升的试验，积极与所在地居民及社区合作共建，使之成为新时期历史街区保护与复兴相得益彰的成功案例。由此，一些规划师、设计师和社会学者开始介入基于社区共同治理模式的探索。在《北京城市总体规划（2016 年—2035 年）》中，确定什刹海地区为北京老城 13 片具有突出历史内涵与文化价值的文化精华区之一，基本上就覆盖在中轴线两侧地区，从不同角度展示出古都历史文脉核心要素与文化精髓的典型特征。

历史街区保护并不是要维持那种年久失修，或者基础设施落后的现状，而是通过传统建筑维修和环境整治，使历史街区在传承文化的同时，又能让居民安居乐业，保持传统社区的肌理。因此，城市设计应更多从人们的体验角度研究空间营造，强调视觉感受、文化内涵、和谐宜居等诸多方面。城市设计应回应更多社会民众关注的现实问题，结合城市精细化管理和环境综合整治，关注更多的"微空间"，针对民众身边的口袋公园、街头绿地、生活空间等进行精心设计，进而延续城市文脉，传承历史文化。

什刹海地区是北京首批 25 片历史文化保护区之一。什刹海地区的保护规划要权衡旅游资源与原住民的需求，还要考量文化资源的永续利用。在历史文化街区保护和整治中，要兼顾历史街区的自然生长、发展及居民的自主建设，将人口、产权状况与处理方式相结合，具体情况具体分析，确定引导性的政策性措施，有利于在实际操作中明确方向。对于保护类院落，要明确保护对象，制订保护措施，进行控制性详细规划，有利于指导保护和管理工作。对于综合整治和更新类院落，应将调整人口与增加建筑面积结合，提出引导性方案和控制性指标，互相协调补充。

随着历史文化街区"有机更新"的深入进行，街区的人口密度将继续降低，历史文化街区保护逐渐进入良性循环，历史风貌将得到更好的保护与延续，居民生活质量也将会得到进一步的提高。历史文化街区的居民多为中低收入者，且大多没有属于自己的住房。因此，解决这些人的住房问题，不应仅仅是局限于历史文化街区自身的更新，完善的社会住房体系才是解决这一问题的关键。同时，应制定一套更加高效、合理的贷款与补贴等政策与措施，以确保真正解决中低收入者的住房问题。这些问题的解决将为居住院落内人口变动、房屋产权置换的顺利进行建立良好基础。

在保护规划操作实施过程中，要充分体现公平公开、自愿自主的

前门商业街

原则，为居民提供多样性的选择。历史街区的保护与发展是一项系统工程，需要各方面的统一协作。有关政策、管理条例及其他工程技术环节等工作的有效落实，是历史街区更新整治能否顺利进行的基础。通过分析一些院落发现，居民的支持对历史街区的保护与更新无疑有积极的推动作用。居民的直接参与，可灵活、有效地吸引相当数量的小规模资金投入保护与更新中来，同时也能避免大规模的人口置换所带来的一系列经济、社会问题。只有把居民发动起来，才是历史文化街区保护的最大动力。

事实证明，历史文化保护区的改造项目，一旦引入房地产开发机制，难免使规划让位于商业化开发。一再突破北京城市总体规划和历史文化保护区保护规划的案例，已是屡见不鲜。例如，已经划入历史文化保护区的南池子地区曾在 2002 年经历过大规模改造，并建造了一片仿古商业住宅，当时有多位院士和文物专家对南池子地区改造提出质疑，指出该项目并未保护历史真实性和历史原貌，改造模式也并未采取"微循环式"，违背了《北京历史文化名城保护规划》；若是北京的历史文化保护区都效仿这一做法，将会造成严重的后果。还有更多例子不一一列举。

2016 年 3 月，在全国政协十二届四次会议上，我提交了《关于维护北京历史街区文化特色的提案》，针对北京历史文化街区文化特色保护提出五点建议。

一是合理确定历史文化街区的功能定位。不应让过度的商业氛围浸染历史文化街区的传统特色，破坏历史文化街区的优雅环境，影响当地民众的日常生活。因此，必须延续历史文化街区的文化传统和历史环境，遏制"破墙开洞式"商家店铺的滋生蔓延，严守历史文化街区保护的刚性底线，强化历史文化街区业态的准入名录。

二是抓紧开展历史文化街区的城市设计。这些历史文化街区是古都北京经过长期发展积淀而成的文化环境，通过有机联系的胡同网络，构成独特的城市风貌，在现代城市趋于雷同、丧失个性的环境下更具价值。因此，应在制定并公布详细规划的基础上，开展历史文化街区的城市设计，编制相关保护标准，完善规划控制导则。

三是有效恢复历史文化街区的传统风貌。历史文化街区的变迁，需要时间与文化的积淀，应格外珍惜每一处保留至今的胡同和四合院民居，它们历经沧桑保留至今，实属不易，是古都北京文化传承的重要载体。因此，应实现由"大拆大建"转向小规模、渐进式、微循环改造式的转变，有效疏解历史文化街区内的功能聚集和人口密度。

四是保护开放历史文化街区的文化资源。历史文化街区是古都北京的文化标志，具有深厚的历史文化内涵，保留有丰富的历史文化遗产。相对于当代建筑，历史建筑更加耐人寻味。因此，应加强对历史文化街区内传统建筑的修缮力度，创造条件将更多文物古迹、名人故居对社会开放，这样才能使来访者更多地体味到北京独特的胡同文化。

五是维护延续历史文化街区的生活氛围。历史文化街区有丰富多彩的邻里交往习俗和特色生活方式，蕴含着社会文化记忆的连续性，这些正是最本质的魅力和吸引力所在。因此，不仅注重传统建筑的保护，还应加强历史环境、生活氛围和生存智慧的维护。同时，当地居民对于历史街区一样是重要的因素，不应提倡将原住居民大量迁离。

北京老城区仅占全市面积的5%，但是曾经集中了城市总量50%的交通和商业，城市中心区的交通拥堵不断加剧，环境质量也每况愈下，土地过度开发与利用的恶果日益显现。当务之急，除了疏解人口，还应分解城市功能，只要以旧城区改造为发展目标，历史文化街区就不可避免地遭受破坏。北京历史文化街区改造的争论引起更多市民的关注，决策者只有广泛听取社会意见的表达，才能做出理性的判断和正确的抉择。

对于什刹海地区来说，不合理的功能定位也会破坏历史文化街区的优雅环境和人文底蕴。如果不加以控制和整治，这一状况必将愈演愈烈，其结果不但湖畔的景观遭到破坏，周边的胡同、四合院也会慢慢被吞噬，历史文脉将一步步地被割断。什刹海历史文化街区的保护和发展必须延续原有的文化传统和历史环境，包括胡同和四合院的生活气息、湖畔的传统文化功能，以及整个什刹海街区的独特风貌；还应注重这一区域休闲活动的功能，但是也要避免整个沿海岸线出现过度商业化的现象。

以往，时常听到人们对城市公共设施的抱怨，如路标识别困难、停车设施占路、盲道缺乏管理、花坛影响通行等，这些本应体现城市人文关怀的公共设计，却违背了初衷，成了摆设；一些本应利民便民的公共设施，不能物尽其用，反而给人们生活带来不便。让城市公共设施真正造福于民，就要注入更多人文关怀。只有在实施过程中从细节入手，充分关照合理性和实用性，才能提升公共设施品质，实现设计功能，发挥公共设施效用。美好的城市生活就在关照细节中得以塑造，每一个细节都应体现出"以人为本"的城市设计匠心。

公共设施是城市的重要功能单元，体现城市生活的温度。这些公共设施在建设方面，不应仅从维护便利的角度出发，而应站在使用便利的角度进行设计；在运营方面，不应仅站在管理者的角度，而应站在使用者的角度进行维护。公共设施应该是一架桥，一端是广大民众的获得感，另一端是城市生活的品质提升。因此，什刹海地区的公共设施要在设计、建造和运营中学会换位思考，而不是一味追求所谓的"好管理""好维护"。公共服务的温度，其实就是设身处地了解社会民众的感受，将心比心体会民众日常的生活，真心实意给人们带来便利。

城市的未来蕴含于城市的历史当中。当下的社会进步，既不能再以物质财富积累简单概括，也不能单靠经济发展解决问题。北京老城是古都城市记忆保存最多的地方，失忆的城市将会失去应有的魅力。街区和人一样，也有记忆，因为它有完整的生命历史。街区对于人们，不仅是栖身之所，更是传承文化基因的摇篮。随着城市化的加速推进，在不少城市中的历史街区，逐渐被千篇一律的新面孔所取代。承载与存留、挽救与跨越、追溯与见证，如何处理好保护与发展的关系，考验着城市管理者的视野和能力。

什刹海历史文化保护区承载着城市的记忆，是城市文化重要标志之一。保护城市文化，我们的精神家园才不会荒芜；保留城市记忆，人类文明才不会迷航。加强城市修补，开展生态修复，创造优良的人居环境；改善流域生态环境，提高滨水空间品质，将蓝网建设成为服务市民生活、展现城市历史与现代魅力的亮丽风景线。通过腾退还绿、疏解建绿、见缝插绿等途径，增加公园绿地、小微绿地、活动广场，为广大民众提供更多游憩场所。针对城市薄弱地区和环节，留白增绿、补齐短板、改善环境、提升品质。

创新城市治理方式，坚持多元共治。坚持系统治理、依法治理、源头治理、综合施策，推动精治、共治、法治，创新体制机制建设。相关规划实施，应注重信息公开，并邀请有关专家和居民代表进行论证，发动广大民众参与城市治理。应该保障公众的知情权、参与权、监督权和受益权。按照"政府主导、属地管理、部门联动、齐抓共管"的工作原则和工作思路，统筹协调，联合执法。建立日常值守、分级会商、问题处置等长效机制，应该成为城市精细化管理的有效途径。

让保护与创造激发
城市发展活力

什刹海地区的整体更新进程

近 20 年来,在"旧城改造"和"危旧房改造"的政策推动下,什刹海历史文化保护区内的建筑活动仍然十分活跃。根据有关部门调查统计,仅在 2002 年 2 月至 2012 年 3 月期间,什刹海地区范围内就有 700 多个地块进行了更新改造,改造面积总计约 34.6 公顷,占历史文化保护区总面积的 11.5%。其中,建设控制区内改造面积为 18.8 公顷,占建设控制区面积的 15.4%;重点保护区范围内改造面积为 15.8 公顷,占重点保护区面积的 8.9%。从建设和改造时间来看,什刹海地区建设活动在 2005 年至 2007 年间达到高峰,月均建设面积达到 4700 平方米,其余阶段月均建设面积在 2100 ~ 2800 平方米之间。

参与什刹海地区建设和改造的实施主体包括四方面。一是相关政府部门主导的建设项目；二是学校、医院等部分产权单位的建设项目；三是开发企业的建设项目；四是当地居民的建设活动。在什刹海地区 2002 年至 2012 年的建设和改造项目中，政府和产权单位占有主导地位，政府部门作为实施主体的建设和改造项目占 44%，产权单位占 22%，开发单位占 16%，当地居民占 12%。从建设和改造方式来看，根据保护规划，700 余个改造地块中，文物类、保护类、改善类、保留类占总面积的 67.4%，不允许拆除；更新类、沿街整饰类、其他类占总面积的 32.6%。

总体来说，10 年间什刹海历史文化保护区内，约十分之一的面积被更新改造。政府部门、产权单位、开发企业、当地居民四大实施主体在实际建设和改造活动中，价值取向、利益诉求等方面存在巨大

展望什刹海（周高亮摄）

让保护与创造激发城市发展活力　329

差异，使得建设和改造活动受到不同因素、不同程度的驱动。其中，政府部门占主导地位，包括落实文物保护单位的要求，对恭王府、火神庙等文物保护单位进行保护整治；针对烟袋斜街等重点片区公共空间和服务设施的建设；地铁站点用地的拆迁腾退；新街口东街、德胜门内大街、鼓楼大街的道路拓宽及沿路建筑整治等，而道路拓宽使沿街传统院落被大量拆除，历史风貌发生了不可逆转的改变。

产权单位实施的建设和改造占22%。各产权单位对院落的使用权可追溯到20世纪50年代，时至今日，院落的使用者和使用功能发生了很大转变，院落内基础设施匮乏、居住拥挤、建筑破败的状况很难适应现实功能的需要。什刹海地区内许多单位大院都进行了建筑加建、增建，相当一部分老建筑被拆除改造成了新的建筑，增加了原有土地的建设强度。例如，十几年来，北京市什刹海体育运动学校的规模不断扩大，设施不断升级，原有的平房院落逐步被拆除，分别于2002年建成综合馆，2003年建成国际公寓，2006年建成综合场馆。

开发单位实施的改造占16%。这类建设和改造活动，在历史文化保护区规划制定后逐年减少，表明房地产开发活动受到了严格控制，取得一定成效。对于开发企业这一主体而言，往往以增加老城土地利用强度为手段，追求单位面积土地的使用效益。而当开发项目的建筑密度和容积率受到规划限制时，往往又转而通过房地产项目的高定位来实现盈利。随之而来的是居住人口的大规模置换。此外，为了降低成本，开发企业一旦获得成片的土地开发经营权，必然会采取成片拆除重建的策略，很难实现原有院落的有机更新。

当地居民的改造活动占 12.3%。居民实施的改造有的来自经济因素的驱动，随着老城土地价值的攀升，老城居民房产出租的比例增大，促进了居民自发的改造、修缮和加建。居民自发改造的动力也来自改善居住条件的需求。除了原住民的住宅修缮以外，老城人口置换的压力也推动了居民的自发改造，高收入人群开始替代大杂院中的贫困人群。因此，在什刹海历史文化保护区内也出现了多处豪华院落。就实施情况来看，绝大部分采用了彩钢板加建的方式，对于建筑质量的改善并没有贡献，与老城的传统风貌也不协调。

什刹海地区保护规划强调协调政府和居民这两大改造主体，以实现理想的小规模渐进式改造模式：政府承担维护公共利益、保护历史文化街区的职责，使居民获得良好的发展预期，从而带来民间资本的持续跟进；居民则要"自己承担起改善自我居住环境的重任"。从改造结果来看，政府部门仍然是什刹海地区建设和改造中的主导主体。尽管政府部门基本按照规划执行了前期的历史地段保护、公共环境整治的既定动作，但是改造行为仍然存在手法简单化的特点。此外，政府部门与其他实施主体的互动并未达到规划预期的目标，其他主体的改造行为与规划存在一定差距。

2013 年 6 月 28 日，西城区公布了"北京中轴线核心保护区·什刹海地区"旧城保护示范项目的设计规划思路，使得关注什刹海历史文化保护区的人们十分忧虑。依据所公布的设计规划思路，一期试点项目占地约 15.86 公顷，这个地段不仅是什刹海的核心地段，也是北京中轴线北端的精华部分，涵盖了烟袋斜街、白米斜街与地安门外大街。根据规划将在北中轴线的重要位置，即火神庙与万宁桥一带兴建"空中胡同"，在鼓楼西南角建设"下沉式胡同"。这一带不仅是什刹海的核心地段，也是北京中轴线北端的精华部分。人们担心，在历史文化保护区内建设这些"空中胡同""下沉式胡同"，将如何保护传统文化特色和实现可持续发展。

迄今为止，地安门外大街两侧的店铺，大部分仍然保持清末、民国时期的风格，基本是单层建筑。而按照西城区所公布的设计规划思路，在地安门外大街两侧将建设两层商铺，商铺之间采取连廊形式，把它们链接起来。多年来，在历史城区建设中出现了一个奇怪的现象，即用推土机将原有的历史建筑拆除，在上面建设仿古建筑，被人们讥讽为"拆了真古董，建了假古董"。主要途径是通过提高建筑高度，增加建筑容积率来实现。如果投入数十亿元、百亿元，对传统建筑进行改造，其结果是清除了珍贵的城市记忆，再造一个不伦不类没有任何年轮的街区，将是对历史不负责任的悲剧。

2016年7月媒体报道，有市民反映位于鼓楼西大街129号的酒店建筑疑似违章建筑。该处原是一座平房居民院落，2010年有施工队进驻后平房被拆除，搭建起一座近1000平方米的三层酒店建筑，并开挖了地下室。酒店的地上一层、二层各有12间客房，三层用于自家居住，地下室是酒店的厨房和餐厅。该酒店建设工程规划许可证显示，因该项目位于什刹海历史文化保护区内，只能原翻原建，房屋高度为翻建前房屋的原始高度，因此批准层数为一层，建筑面积共计215平方米，高度在5米以下。但是，改建后的实际建筑无论建筑面积，还是建筑高度均远远超过了规划许可证的审批内容。

在北京历史文化保护区中，什刹海地区总面积是其中面积最大的一片，也是中轴线西翼最具文化特色的地区之一。什刹海的自然景观重点在水，范围内共有前海、后海、西海三处。这三个相互连通的水面，虽然同在一个区域，但是各具特色。"后三海"定位分别是：西海为自然生态区，后海为静谧休闲区，前海为活动文化区。因此需要根据三个水面历史上形成的不同风格进行功能定位，发挥优势，扬长避短。

在参观过程中，郑光中教授还讲述了30多年来在什刹海地区做规划工作的一些感受。郑光中教授曾在什刹海地区居住过，对这里有着特殊的感情和情结。他30多年来持续关注什刹海地区保护和发展，主持过1998年版的什刹海景区规划，指导过最新版的什刹海景区规划；他还组织编制什刹海地区详细规划，主持过多项什刹海地区的规划设计项目，并担任什刹海研究会副会长。最近郑光中教授还带领学生编制什刹海地区旅游规划。

郑光中教授是打通什刹海环海通廊的第一位倡导者，这个倡议他坚持多年，多次向有关主管部门提议。根据什刹海景区规划，2018年，什刹海地区启动环境整治和提升，全年拆除14处违法建筑，共计5542平方米，拆除不规范牌匾153块、不规范围栏427延米、不规范遮阳棚11处、占路台阶10处、违规演艺舞台3处、环湖违法建设商亭4处。为了实现全长6千米的什刹海环湖步道全部贯通开放和业态升级，先后关停西海鱼生餐厅、清退碧荷轩酒吧、打通望海

望海楼

楼临湖一侧道路，拆除整治了山海楼、小王府、金帆俱乐部、集贤堂等多处堵点，提升了文化展示、国际交往、旅游体验功能。同时，结合"背街小巷"整治，改善人居环境，还原什刹海地区独有的水城景观和街区风貌。在这个过程中，也曾经遇到诸多阻力和困难，经过细致工作和耐心劝导，才逐一得以实现。

在社会各界的呼吁下，经过数十年的努力，全国重点文物保护单位恭王府于 2002 年将长期占用在此的 9 家单位全部搬迁腾退，修复后的恭王府府邸于 2008 年对公众开放。同样在 2002 年，位于什刹海东岸的北京文物保护单位火神庙，将其中的部队招待所和近 50 户居民迁离，2008 年维修竣工后，作为道教活动场所对外开放。这些文物建筑的腾退、维修、合理利用，为解决北京市大量存在的文物建筑占用问题提供了经验，应在全市范围内积极推广。

郑光中教授告诉我，清华大学团队当时接到的任务是要以"旅游"作为突破口，制订旅游规划。他的学生们都是年轻的规划师，他们在什刹海地区面向游客进行现场问卷调查，询问对于这个地区的印象，然后把调查结果存入电脑，再利用科技软件生成点状图，图上很直观地反映出游客们对于什刹海的普遍印象。可以看到，当时在很多游客的心目中，什刹海的标签就是"酒吧"。郑光中教授说，什刹海地区的问题不仅要从游客的角度出发，更要以宽广视野的角度出发来看待这片地区的旅游发展。

郑光中教授谈到什刹海地区的规划愿景。什刹海的规划需要遵循几个大的方向：一是回归文化本质，强调核心文化的系统展示和创新发展；二是立足国际发展，突出核心区文化交流中心定位；三是聚焦老城保护，重现老北京历史文化的生机活力；四是面向时代发展，重塑新时代首都市民的美好家园。总的来说，什刹海地区的规划目标可以总结为："魅力前海，生态西海、静谧后海。"我们一行沿途中还征求了多位居民和游客对什刹海地区的意见，他们均对整治以后的环境表示满意，特别是一些当地居民表示，在什刹海散步已经成为他们生活中的重要内容。我想，这就是对于规划成果最好的评价。

环湖步道将绿地广场、滨水绿廊休闲设施和重要节点用绿道串联起来，倡导城市慢生活，营造设施齐备、管理完善的公共休闲生态空间，从功能、景观、节点、交通、界面、夜景、生态、智慧八个方

什刹海景观

面进行整体提升整治，建设多元化的活力空间。同时，对环湖建筑界面整体提升改造，建设传统风格特色鲜明的滨水界面。深厚的历史文脉，塑造着什刹海地区独特的文化气质，浸润着独特的城市风骨，滋养着生活其间的地区民众，也激励着人们共同守护这片古都文脉的根基，不能再让不负责任的商业开发继续浸染什刹海这片清静的水域和周边历史街区。

清华同衡旅游所王彬汕团队在郑光中教授的指导下，完成了《什刹海风景区旅游发展规划》的编制，这项规划自 2017 年 10 月开始启动编制，至 2019 年 6 月完成。规划编制团队由老、中、青三代规划师组成，在历时两年的编制过程中，规划师也感触颇深。他们尤其是在"人人都是规划师"和"为谁而规划"的问题上有了些微的认识。他们认为规划的甲方不单是政府，更是生活在当地的居民、来玩的游客、谋生的商户；而规划就是在广泛征求各方面的意见中，寻求利益的平衡点，并加以公共价值观的引导。任何规划都不完美、任何规划都有其历史局限性，什刹海这个规划就是"自上而下"与"自下而上"相结合的规划。

清华同衡规划设计团队进行了历时两个月细致的入户调查，收集了大量一手素材，掌握了关于什刹海历史、现状的全面资料，并运用大数据的手段进行精准分析，提出了解决什刹海问题的完整方案。在调查中，他们总结了居民反映最突出的两大问题：一个是酒吧夜间经营扰民，一个是三轮车数量过多、运营欠规范、车速过快。规划设计团队在权衡各方利益的前提下，分别给出了解决方案。包括不再鼓励新的酒吧进驻，限定三轮车的运营区域、载客地点，规范运营者的解说词。

郑光中教授认为，北京老城保护最大的难题就是居民四合院的保护。什刹海地区人口密度很高、居住水平很差，目前的居住面积远远低于全市平均水平；同时绿化水平、生活基础设施水平等方面标准也很低。因此，什刹海地区规划要解决非常复杂的综合问题。不仅要服务大量的游客，更要让老居民满意。传统院落空间是地方文化特色的直接反映，也是传统文化的重要载体；传统院落空间保存完好程度是衡量历史街区传统风貌的重要因素。目前，什刹海地区一些院落围合范围大，滨河景观被大量私家院落围墙所影响，使公共空间受到压缩。

一提起老北京传统院落，人们都会想起"四合院"。其实在北京很多人居住的是"大杂院"，而真正保持原有规格，仍然由一家一户居住的四合院已经数量很少，绝非一般人所能拥有。大杂院与一家一户居住的四合院之间有一个明显不同的特点：大杂院的院门从早到晚都是敞开的，一个大杂院往往有十几户居民，各家各户出来进去，院门总是难以上锁。但是，要到大杂院里找人，总会有人问你是哪家的客人，并会获得热心引导，这就是北京大杂院的文化。直到过了晚上九点，全院居民都回家以后，院门才会被关上。

就我而言，自从搬进楼房总是有意无意地怀念起当年居住四合院的生活。住在四合院里，出了屋门就是院子，院子是全院居民的共享空间，邻里关系绝对可以用亲密无间来形容。出门在外不用担心下雨时晾晒的衣服没人帮助你收，冬天炉子灭了不用劈柴生火，只要到邻居家的炉子上夹一块煤，就能马上解决，这些都能让人感受到"远亲不如近邻"的道理。但是，随着人们生活节奏不断加快，人口迁徙日益频繁，社区居民归属感日益降低。人们担心城市肌理的"根"和"魂"、邻里互助的"情"和"味"逐渐缺失。

文化是一个民族的血脉因袭，也是老百姓的心灵家园。历史文化街区的价值，不仅体现在历史时期的特定场景中，也体现在历史变迁的脉络中。从这个角度看，历史街区内的居民同样也是社区文化的组成部分。历史街区的环境提升，不应采取大量搬迁原住居民的方式，造成居民生活形态的消失，而导致历史文化街区整体氛围的消沉。我们理想的历史文化街区环境提升不仅仅是一项建筑设计工程，更是一项系统的社会工程。这个过程中需要广泛征求原住居民的意愿，调动原住居民力量，合理引导原住居民的职业转型，适度保留居住空间，同时提升居住生活品质。

在北京老城内，解决广大居民的危房问题，绝不是要把胡同四合院中可继续使用的大部分较好的建筑全部拆除，而是通过维修保护，重新恢复整座四合院乃至成片的街巷胡同的健康状态。散布在北京胡同里的四合院，很多都经历过上百年岁月，有些已经成为文物建筑，因此维修保护这些老院子、老房子，历史遗留建筑本体和材料都是保护的对象。无论是建筑梁架、庭院地面，还是石阶门墩、影壁雕花，这些四合院里的元素很大部分都早已失去昔日光彩，甚至面临彻底消失的危险。如今通过勘察设计和精心修复，要让这些传统建筑和材料重新恢复往昔的光彩。

当前，在积极推动北京老城保护与原住居民共融共生的探索与实践，兼顾保护目标和宜居标准，对传统建筑进行保护性修缮的同时，要利用腾退空间，完善生活设施配套，实现建筑与环境共生；让更多的人体验北京的风土人情和居住文化，真切感受到"老胡同的新生活"，使胡同成为国际交往的"会客厅"。通过引入新居民，与老居民构建和谐邻里关系，实现居住共生；让年轻人与老北京人做邻居，延续传统文化，注入新的文化，带来活力。还要千方百计激发、引导社区居民参与社区建设和社会治理，最大限度地鼓励当地民众表达意愿，满足他们的精神文化需求。

提升什刹海地区的"人居环境"

随着当前城市规划和文化遗产保护理念的进步，如今开始重新研究和审定以往实施的发展规划，特别是北京老城内道路建设和市政工程，坚决停止那些因道路扩展和市政拆迁而影响历史文化街区保护的项目。同时，对于历史文化街区内的道路，如果不采取有效的交通管理方法，而是一味适应永无止境的车辆增多与通行，并以拆除沿街的传统房屋为代价来换取行车道路的展宽，那么最终的结果，不但是老城内的车辆交通会更加拥堵，而且将彻底破坏北京老城的历史格局和传统风貌。

若干年前，北京老城胡同里的很多居民都羡慕住楼房的人，因为新的住宅小区环境好，生活方便。反观眼前的胡同生活，曾经的宁静变了味，外来人口增多，私搭乱建严重，汽车只能见缝插针地堵在不宽的胡同中。近年来，北京胡同四合院的整治让人们看到希望。这一变化折射出老城街区治理上的观念变化，那就是从过去纷乱无序、渐进式的"加法"，到有规划、适度的"减法"。如今，一些历史文化街区的居民生活又逐渐回到了以前的宁静。让历史文化街区融入现代生活，必须延续其原有生活功能，居住在其中的人是活态文化的一部分，让他们更安居乐业才是保护的初衷。

2021年1月8日，《我是规划师》节目组来到什刹海景区行政综合执法中心。什刹海街道负责人海峰先生向我们讲述，为了让什刹海"静下来"及实施"亮出岸线、还湖于民"所采取的措施，什刹海街道以破解街区治理难题为导向，从联合执法到综合执法、从小分队行动到建立执法中心、从探索完善机制到建成实体平台，初步探索形成了多部门综合执法的基层治理模式。对民众反映的违章建筑一抓到底，特别是对两层以上的违章建筑零容忍，采取"早拆违、午巡查、晚整治"的措施。

通过综合执法，在什刹海地区先后根治了一大批"老大难"问题，使地区环境和旅游品质不断提升。传统街巷是构成历史街区的骨架，充分体现出街区的风貌特色，也是历史街区的重要文化空间，部分街巷更成为历史街区居民的交往空间，应以温和的手段控制环境和整治街道，创造高质量的公共使用空间。

在前海西街，我们一行遇到一些从事"胡同游"的三轮车师傅，

从事"胡同游"的三轮车师傅（周高亮摄）

他们向我介绍了近年来什刹海旅游环境变化和旅游者的需求。什刹海地区设有步行道路，以及汽车、三轮车、自行车混行的道路，人们可以通过步行、骑行、自驾或乘坐"胡同游"三轮车等方式游览什刹海。什刹海三轮车环湖胡同游项目是这一区域四季经营的旅游观光项目，人们可以乘坐老北京原有的人力交通工具——三轮车，一边听讲解、一边赏景，感受北京老城的独特氛围。

胡同游三轮车需要在交通及人流密集处进行宣传，并等待乘客参与该游览项目。乘客乘坐时，讲解员同步讲解街区胡同历史，也常伴有随时停靠路边摄影、讲解的需求。什刹海的停车空间，首先需要保证居民正常居住停车需求，再进一步为到访什刹海的游客提供其需要的停车空间。什刹海片区内的机动车道上常常出现大规模违章停车的情况，造成机动车、三轮车、自行车混行车道更大的负担，易产生交通拥堵、秩序混乱等情况。近年来，什刹海地区也在探索推进社区停车自治工作方案，制订错时停车管理办法，对部分街区设置机动车禁行，拆除私建停车桩等。

今后，在北京老城内，应实现低强度建设，建筑以底层为主，不建宽马路、大广场，重塑凝聚东方韵味、见山望水、乡愁可及的景观格局，保持原有肌理，维护传统特色，尊重地域生活习俗。积极推进"窄马路、密路网"道路街巷布局，选择"特而精、小而美、活而新"的发展路径，延续倚水塑形、随曲合方的传统街道肌理和建筑形态，创建更多亲水的社区公园、口袋公园，以及碧道、绿道等线性开放空间。同时，加强沿线历史街区、文物建筑、传统民居、考古遗址等各类文化遗产整体保护和活化利用，组成绿色开放空间网络，增进各年龄段人群的福祉，为社区民众和子孙后代创造诗意栖居的美好家园，留下丰富的物质遗产。

今天，对于城市河湖水系，应形成网络化生态廊道和通风廊道，降低城市热岛效应，优化城市避难场所布局，实现"安全永续、开放畅通、集聚协调、绿色集约、魅力品质、智慧共享"的城市亲水空间；对于河湖水系、生态湿地、风景园区、古迹遗址等进行融贯综合保护，通过有机更新理论改善人居环境条件，实施微改造和渐进式改造，使城市历史、文化、环境等因素结合起来，构筑安全、便捷、舒适的步行系统，促进物理空间、文化空间和数字空间相融合，使美好城市空间改善可达性、增强健康性，建设现代版"无与伦比的杰作"。

同时，坚持世界眼光、国际标准，营造体现生态文明的城市人居环境。统筹提升"管控保护、主题展示、文旅融合、综合利用"的历史环境和自然空间，继承优秀传统文化，延续城市历史文脉，加强历史文化风貌区整体保护，塑造各具特色的城市风貌，推进特色化、艺术化空间建设，创新文化和城市公共空间的融合，创造更多可亲近的城市区域，增强城市社区的创新力和吸引力。通过"积极保护、整体创造"激发城市社会活力，营造更多具有时代意义的人性化、高品质、友好型的可亲近的滨水步道和休闲空间。

北京的文化底蕴十分深厚，悠远绵长的历史沉积和海纳百川的文化气象共同构成了城市的文化内核。为子孙后代妥善地保护它们，是我们这一代需要承担的责任和义务。我们要保护好祖先留下的丰富文化遗产，它们不应仅仅留在典籍里，还应该存在于活态的文化空间中，只有将这些有生命力的内容保护下来，城市文脉才能更好地延续！今天，古老的文化如何孕育出新的内容，如何滋养新时代的地域文化，需要通过当前更多的实践加以回答。

图书在版编目（CIP）数据

人居北京. 一脉中轴伴水行 / 单霁翔著. --北京：
中国大百科全书出版社，2023.3
ISBN 978-7-5202-1300-4

Ⅰ. ①人… Ⅱ. ①单… Ⅲ. ①城市规划—北京 Ⅳ.
①TU984.21

中国国家版本馆CIP数据核字（2023）第034309号

出 版 人：刘祚臣
策 划 人：蒋丽君
责任编辑：裴菲菲
责任印制：邹景峰
出版发行：中国大百科全书出版社
地　　址：北京阜成门北大街 17 号
电　　话：010-88390718
邮政编码：100037
设计制作：静　颐
印　　制：北京九天鸿程印刷有限责任公司
字　　数：240 千字
印　　张：11.25
开　　本：880 毫米 ×1230 毫米　1/32
版　　次：2023 年 3 月第 1 版
印　　次：2024 年 1 月第 2 次印刷
书　　号：ISBN 978-7-5202-1300-4
定　　价：98.00 元